最高人氣
果樹盆栽

從移植、修剪、授粉到結果
日本園藝職人傳授家庭果園的知識與祕訣

作者｜大森直樹

審訂推薦序

植物的果實和人類的發展關係極為密切。遠在一萬年前的石器時代，人類的祖先即知以採集堅果維生。時至今日，我們已經知道各種堅果、水果類，除含有澱粉、油脂、蛋白質、糖分、纖維、各種礦物質、維生素之外，更進一步能提供具有調節人體生理、精神狀況和防治疾病的成分。

果樹的種類繁多，分佈地區極為廣泛，從溫帶北緣至熱帶雨林都有，各所處地區的氣候迴異。果樹學者依氣候帶分類為溫帶、亞（副）熱帶與熱帶果樹；另以落葉與否分類為常綠與落葉果樹。通常常綠果樹不耐寒，落葉果樹則需求冬季低溫以打破芽體休眠，且促進次春萌芽。是以經濟栽培果樹時，常需瞭解果樹種類特性及立地條件，俾能適地適作。

一般企業化的果樹栽培佔地面積均以萬公頃計，其餘常以庭園栽培的方式呈現，各單一植株所涵蓋面積依種類不同，常從數十平方公分至數十平方公尺計。

由於果樹的生理、形態和壽命迥異於其他種類作物，常吸引趣味栽培者，嘗試將果園裡巨大的樹體縮小至盆栽中，以因應吾人狹窄的居住空間和便於搬移。這種環境的改變常有挫敗的例子發生，或者移植不易存活，或者成長、結果不甚理想。

本書作者將他長年的盆栽經驗寫成書，以相片、圖、文教導初學者，如何在不同氣候帶生長的果樹以盆栽的方式，在同一氣候點成功栽培。

書中詳細解說盆栽果樹需求的環境、不同種類果樹的樹形（透過整枝和修剪方法調整）、選擇樹苗或盆器、調配培養土、定植和施肥、換盆、澆水，以及如何依各種果樹的結果習性逐年照顧果樹（修枝或根、立支架等）的方法。此外，也依各果樹種類所需特有的管理技術，諸如授粉、疏花、疏果、病蟲害防治、避免寒害的操作等詳加說明。

這是一本對果樹趣味栽培者很有用的參考書，值得詳細閱讀體會，相信能為大家帶來栽培的樂趣和成果。

台灣大學園藝系名譽教授　鄭正勇

| 推薦序 |

近年來有越來越多的都市人，嚮往栽種美麗繽紛的花花草草，期待在陽光、微風、汗水中，享受親手收穫蔬菜水果的感動。但在車水馬龍、寸土寸金的都市叢林中，要有一整塊的土地著實不易。不過山不轉路轉，利用頂樓、庭院、陽台甚至是盆栽，其實也能一點一滴打造出自己的園藝天地。

今年「都市農園」的話題再起，大家不必在短暫的假日千里迢迢跑到鄉下農作，只要在園裡分租一小塊地，就能立刻開始種植蔬果食用，還能和身邊的人彼此分享園藝心得與樂趣。在這片願景下，相信很多人都想挽起袖子，親自「下土」嘗試看看吧！透過接觸土壤，學習移植、施肥、修剪、採收等栽培技巧之餘，還能為家人種出一整桌令人安心的佳餚，體會高回饋價值的成就感與人際關係。

這次看到蘋果屋出版的《最高人氣果樹盆栽》，恰好呼應了都市農園的自己動手種水果的概念，淺顯易懂的內容，讓人忍不住想立刻買盆果樹盆栽回來試試。原來盆栽不是只能種種蔬菜、花卉，還能種出結實累累的果樹。這本書中收錄了很多栽培方面的知識，甚至只需要購買盆器、幼苗，以及簡單的工具、材料，就能將自己家的陽台，打造成綠意盎然的「專屬」都市農園。不僅能豐富餐桌、綠化環境，還能減輕都會熱島效應，貢獻正面的實際效益。

這真的是一本非常實用的工具書。阿尼我熱情推薦！

園藝植栽設計師　阿尼

PART 1 果樹盆栽種植的前置作業

LESSON 1 適宜栽培的環境……10
只有用盆栽才能體會的果樹栽培樂趣／日照充足、通風良好是第一要件

LESSON 2 依照放置環境選擇樹形……12
優先考量果樹的性質與栽培地點

LESSON 3 挑選樹苗的重點……14
分辨樹苗的種類／品種問題也要注意

LESSON 4 盆器的選擇方式……16
按階段做挑選／依照材質做挑選／選用底部有細長縫隙的盆器（CS pot）在育苗階段有顯著的效果

LESSON 5 挑選栽培的土壤……18
有效率地運用市售培養土

LESSON 6 有效施肥的方法……20
肥料的種類／施肥方法

LESSON 7 會用到的栽培工具……22

LESSON 8 不會失敗的樹苗移植方法……24
一手掌握移植樹苗的好壞關鍵／移植的方法

LESSON 9 盆栽的重整作業……26
換盆才能徹底解決根滿問題

LESSON 10 澆水時的注意事項……30
表面上壤乾燥時就要澆水是基本觀念／夏天要在早上9點前澆完水

LESSON 11 整枝修剪的方法……32
整枝修剪的目的／冬天的修剪（冬季修剪）／春天到夏天的修剪（夏季修剪）／誘引、撚枝

LESSON 12 從移植到成木的果樹樹形……36
打造落葉果樹的樹形▼移植後二年內，要專心培育果樹樹形
打造常綠果樹的樹形▼從第一、二年的春枝打造樹形
打造藤蔓類果樹的樹形▼將新梢向上誘引，離開地面

LESSON 13 瞭解結果習性……42
整枝修剪中不可不了解的結果習性

LESSON 14 促進結果的方法……44
透過人工授粉可促進結果／人工授粉的方法／摘蕾、摘花、疏果，年年收成美味水果

LESSON 15 有效預防或治理病蟲害……48
防止病蟲害發生的第一步，就是整理好環境／需盡早採取對應措施，避免損害擴大

LESSON 16 容易滋生的病蟲害……52
主要的疾病／主要的害蟲／果樹的病蟲害對策

Column 1 栽培知識
・體驗實生樂趣的盆栽風果樹……15
・盆栽栽培要以排水性和透氣性為第一考量……19
・有機質肥料屬於肥效較慢的「遲效性」……21
・柑橘類的移植要點……25
・果樹與樹下的共榮植物……29
・是否該避免在下雨前噴灑藥劑？……51
・好康情報～美麗的露茜梅果汁……60
・產生裂果的原因並非病蟲害……68
・套上紗網或袋子，從鳥類口中守護「果實寶藏」……75
・開花時期嚴防水分不足……83
・分次修剪，守護果樹健康……95
・利用田中的土壤，挑選盆栽栽培時的苗木……119
・摘芽的方法……120
・藤蔓的整理……121
・疾病？蟲卵？莖葉上的顆粒真面目……122
・有著美麗紅葉的兔眼系品種……128
・盡早切除樹枝上的刺……152
・百香果天然綠窗簾……168

PART 2 各類果樹栽植

落葉果樹

- 梅子……56
- 毛櫻桃……61
- 櫻桃……62
- 桃子・油桃……66
- 李子・加州李……72
- 肉用杏……78
- 蘋果……80
- 梨子……86
- 無花果……92
- 柿子……98
- 栗子……104
- 棗……108
- 石榴……112

PLUS 家庭同樂鮮果料理①②……115

藤蔓類果樹與樹莓類

- 葡萄……118
- 藍莓……126
- 黑莓・覆盆莓……130
- 奇異果……131

PLUS 家庭同樂鮮果料理③……136

常綠果樹

- 斐濟果……141
- 橄欖……138
- 枇杷……144

PLUS 家庭同樂鮮果料理④⑤……147

柑橘類

- 柑橘類……150
- 溫州蜜柑……156
- 柳橙・橘橙……157
- 柚子・橘欒果……158
- 日本柚類……159
- 檸檬・金桔類……160

PLUS 家庭同樂鮮果料理⑥⑦……161

熱帶水果

- 芒果……164
- 荔枝……166

- 百香果……168
- 火龍果……170
- 草莓番石榴……172
- 西印度櫻桃……173
- 稜果蒲桃……174
- 嘉寶果……175

PLUS 家庭同樂鮮果料理 ⑧ ……176

Column 2 想要知道的果樹常識

- 桃子與油桃的差異……70
- 白肉種與黃肉種的差異……71
- 李子和加州李的差異……77
- 水果的美味成分……79
- 水果的品嘗時機和保存方法……91
- 小心切口的膠狀物質……93
- 最適合做成乾燥水果的無花果……96
- 利用酒精挑戰脫澀法……102
- 棗的不同品系與多元用途……109
- 藍莓的 2 種不同品系……129
- 綠色果肉和黃色果肉的奇異果……134
- 和蘋果一起放入塑膠袋中催熟……135
- 運用顏色對照表,熟成度一目了然……143
- 柑橘類的追熟……156

附錄:果樹栽培術語……178

本書的閱讀說明

果樹盆栽種植的前置作業

就算收成量不多，自己親手栽培出來的水果還是比較安心。熟透的當季美味也讓人滿心期待。要不要立刻著手試看看，兼具樂趣與實際收穫的果樹盆栽栽培呢？雖然聽起來很難，但絕對沒有那回事。只要掌握栽培要訣，每一年都可以穩定地收成美味果實哦！

LESSON 1 適宜栽培的環境

果樹栽培需要考量種植品種喜好的氣候，才能找到適合栽培的環境。日照充足、通風良好是最關鍵的要點，還要小心不要淋到夾帶病原菌的雨水。

只有用盆栽才能體會的果樹栽培樂趣

說到果樹栽培，基本上還是以種在庭院土地上為主流。但只要利用盆器，就算沒有庭院，依然可以在陽台或頂樓等沒有土壤的地方種植果樹。

很多人聽到盆栽栽培時都會感到疑惑，「真的辦得到嗎？」「就算用盆栽種出來也只是觀賞用，不能吃吧？」

溫州橘

如果把柑橘類等會跨越夏天並延續至冬天生長的果樹直接放在陽光下，不但葉子會曬傷，果實本身也會因為酷暑而呈現熱熟的狀態。因此應盡量避免陽光直射，需搬移到陰影下方。

但是，這真的可以辦到哦。就算是盆栽，也能夠開花和結果，享受到一石二鳥的果樹栽培樂趣。

種植果樹和種植花草或蔬菜有很大的不同。一方面需要經過一定程度的等待時間才會開花結果、收成。另一方面，隨著種植年數的增加，樹冠（樹木大小）會越來越大，所以需要足夠的空間。

光是想到要花上漫長的時間，而且也沒有充足的空間，就讓人退避三舍吧。但是，如果利用盆栽栽培，就能夠抑制根部的擴張，彷彿將果樹收納在小箱子裡一樣，限制果樹成長的範圍。

如此一來，狹小的空間也有種植果樹的可能性。而且因為種在盆器裡的關係，還可以隨意按照防風、防寒、防曬、防雨等需求進行環境的變動。

日照充足、通風良好是第一要件

果樹栽培中最重要的條件就是光線。若無法充分進行光合作用，就無法結成碩美的果實，相反地，只要日照充足，枝葉就能健全成長，結出很多花蕾長出甜美的果實。

還有通風也很重要。通風佳才能抑制病蟲害的發生，讓果樹健康茁壯，但也要小心強風吹倒植株。

10

斐濟果

原產於南美的斐濟果,需要全年放置在日照充足的戶外。

棗類

棗樹需要全年放在日照充足的戶外。但如果開花期和梅雨季重疊時,就要搬移到不會淋到雨的地方。

藍莓

藍莓喜歡日照充足、氣候涼爽的地方,但要避免西曬。

LESSON 2 依照放置環境選擇樹形

果樹栽培中，需要符合果樹特性，打造出能結成好果實、方便作業的樹形。需考量樹種、品種的自然習性，以及栽培地點和空間，挑選最適合的樹形，才能成功種植。此外，也不能缺少充足日照和通風的栽培環境。

垣籬式整枝
有助於主枝下方腋枝結出短果枝的修剪方法。適用於西洋梨或蘋果。可以打造出簡潔的樹形。

西洋梨

優先考量果樹的性質與栽培地點

栽培果樹的樂趣，不僅僅是水果的收成。觀賞修整過的美麗樹形，還有隨著季節變化，展現出不同風情的花與葉，也都在在蘊含無窮的樂趣。

但既然是果樹栽培，最主要的目的當然還是在於果實。想要大量收成好吃的水果，就必須確實讓花朵綻放。所以必須要進行修枝，讓果樹內側也能充分照射到陽光。

以此做為基本，然後一邊考量樹種和品種的性質、栽培場所和空間的問題，一邊選出最適合該果樹的修整方式。

葡萄

螺旋狀整枝
葡萄或莓果等藤蔓類果樹的樹形打造法。配合盆器打造成燈籠形，讓藤蔓螺旋攀爬在架上。

12

水平棚架整枝法

將葡萄誘引到兩段式支柱上的水平整枝法。又稱為垂直平行棚架整枝法。從棚架的第一段到第二段分別間隔60公分。尺寸上整理起來很方便，適合在不具深度和高度的地方栽培。

葡萄

各式各樣的整枝法

變則主幹型整枝法

又稱為圓柱型。是指長到一定高度前就先修整主幹，將中心樹枝截短、留下側枝的修剪方式。樹形的整體感較平衡。
適合變則主幹型整枝法的果樹
柿子、蘋果、栗子、橄欖等

開心自然型整枝法

以筆直的主幹為中心，留3根主枝往三個不同方向發展，在這之後長出來的側枝要進行疏枝。可以控制果樹的高度，適合狹窄的地方。
適合開心自然整枝法的果樹
柿子、無花果、梅子、斐濟果、桃子、橄欖等

主幹型整枝法

又稱為圓錐整枝法、金字塔整枝法。像聖誕樹一樣，以一株主幹為中心，枝幹向外生長，果實結果後會覆蓋住主幹。
適合主幹整枝法的果樹
柿子、蘋果、櫻桃、栗子等

水平棚架整枝法

此類果樹具有結果的枝幹呈水平狀，會有利於結果的特性。可以沿著牆壁或柵欄，用繩子固定枝幹，引導枝幹的生長方向。在狹小空間也能有效率地進行整枝。
適合水平棚架整枝法的果樹
梨子、葡萄、蘋果等

扇形整枝法

將低處枝幹到主枝的部分修整成扇形放射狀。讓果樹沿著牆壁或柵欄，用繩子固定，引導其生長方向。
適合扇形整枝法的果樹
柿子、無花果、梅子、斐濟果、桃子、橄欖等

灌木整枝法

讓根部長出許多枝幹，沒有一根主要主幹的矮木形樹種可以自然生長。
適合灌木整枝法的果樹
藍莓、覆盆莓、紅醋栗等

13

LESSON 3

挑選樹苗的重點

裸根苗
從土地裡挖起來的樹苗，為了避免乾燥，用泥炭或泥炭蘚將根部包覆起來，在秋冬時期販售，且幾乎所有果樹的種類都有。照片中右方是一年生裸根苗，左方是二年生。一年生的樹苗更需要多花一點時間才能收成。

容器苗
容器苗的狀態較難確認，可以看底部挑選根部擴展狀況良好的樹苗。在冬天或盛夏時期都有販售，幾乎全年可見，但因為容器苗業者擁有的種類不定，所以購買前最好事先做好調查。

二年生裸根苗　一年生裸根苗

栽培成功的第一步，就是挑選好的樹苗。俗話說「好的開始是成功的一半」，樹苗的狀態會對果樹往後的成長造成很大的影響，所以務必要慎重挑選好的幼苗，並向值得信賴的樹苗供應商購買。

分辨樹苗的種類

樹苗分為裸根苗和容器苗、盆栽苗木三種。

裸根苗是由農家在春天扦插、嫁接，等到秋天落葉（休眠期）後再挖起來的樹苗。簡單處理過根和枝幹後種植到盆器中即可。約2～3年後可以收成。一般說的樹苗大多指裸根苗。

培育容器苗需要特殊的溫床及溫室設備，約在3～4月扦插，6月左右可以出貨，樹苗還很幼小，移植前不需要整理根或枝幹，直接放到7～8號（直徑21～24cm）盆器中栽培即可。移植2年後可以開始收成。

盆栽苗木是將裸根苗或容器苗移植至盆器，培育1～2年後的樹苗。購買後直接栽培，當年即可收成。很適合在公寓陽台等空間有限的地方種植。

品種問題也要注意

果樹因為種類不同，有可能無法只種一棵就結果。購買樹苗時務必先確認品種和是否需要人工授粉（自家結果性→P44）。如果是單一棵無法結果的品種，就必須要購買親合性高的其他品種來混合種植、採集花粉。

14

分辨好壞苗木

選擇根部發展良好的苗木

細根生長茂盛的優良苗木是首選。

土壤上的部分長得好，不一定就是好的苗木。相較之下，根部狀態良好的苗木，在移植過後的生長上反而有壓倒性的優勢。

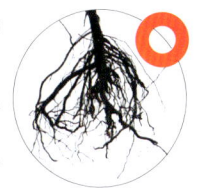

缺乏細根，像牛蒡一樣只有直直一條的不良苗木，則需要避免。

選擇有品質保證的苗木

購買寫有品種和生產者名稱的果樹苗較安心。

盆栽苗木

種植在盆器中的苗木，有分為從土中挖出來後移植到盆器中，以及已經在盆器中培育 1～2 年的兩種。前者因為根部還未穩固生長，必須小心照顧。只要透過網路等方法，一整年都可以購買得到。

STEP UP 栽培知識

體驗實生樂趣的盆栽風果樹

日本有句諺語說「桃栗 3 年，柿子 8 年…」，代表果實播種後到收成需要等待的年數。實生，就是指從種子（果實）開始生長的苗木。實生苗跟嫁接或扦插不同，播種後生長出來的果物，不一定能夠保有母樹的優良品質，所以果樹栽培幾乎不會使用實生苗。但實生苗有實生苗才能體會的枝葉觀察樂趣，可以試著種在好看的小盆器裡，體會迷你盆栽令人玩味之處。

成長後的藍莓盆栽

苗木的選擇方法

為了收穫美味的果實，必須購買健壯的樹苗。選購時請注意以下幾點。

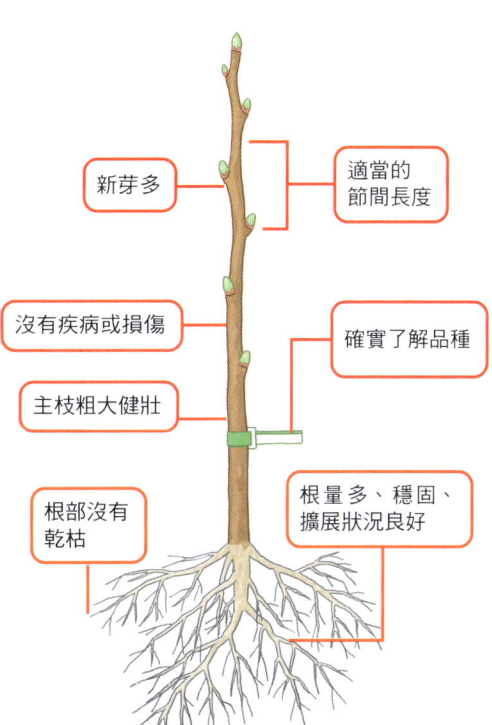

- 新芽多
- 適當的節間長度
- 沒有疾病或損傷
- 確實了解品種
- 主枝粗大健壯
- 根部沒有乾枯
- 根量多、穩固、擴展狀況良好

LESSON 4 盆器的選擇方式

在選擇栽培容器的大小、材質前，必須事先了解想要種植的果樹會長多大、有什麼樣的特性，確認之後再依照實際栽培場所或外觀等條件來做選擇，一般多使用 6～10 號的盆器。

各式各樣的盆器

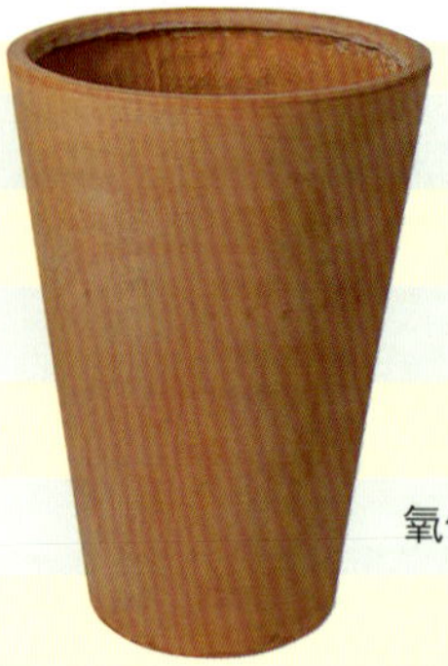

具深度的大口徑盆器
適合無花果、柑橘類等樹葉茂密、樹冠較大的果樹。

氧化鎂花盆

深底盆器
適合日本李、栗子等高度較高的直立性果樹。

陶盆

30cm 以上的大盆器
適合 24～30cm 的盆栽移植時使用。

陶盆

橫長的方型盆器
適合藍莓、橄欖、斐濟果等無法單株繁殖，必須混植的果樹。

氧化鎂花盆

按階段做挑選

種植的容器（盆器）需要依照栽培階段來挑選大小、材質。雖然一般來說，較大的盆器果樹發育較好，也不需要頻繁的移植。但其實還是要依照苗木的大小來挑選合適的花盆，才能保持良好的透氣性，助苗木成長茁壯。

舉例來說，不要一下子就將一株小小的苗木直接種在 60 公升的大花盆裡，而是先移植到 7～8 號（直徑 21～24 cm）的小盆中，再隨著果樹的成長，移植到 10～12 號（直徑 30～36 cm）的盆裡，慢慢地越換越大。

底部有細長縫隙的盆器（cs pot）

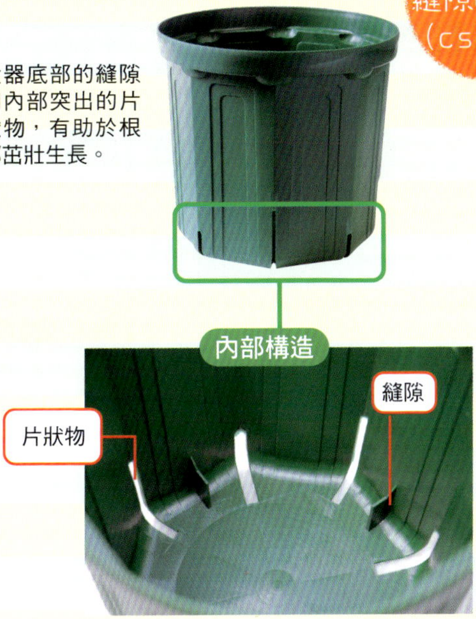

盆器底部的縫隙和內部突出的片狀物，有助於根部苗壯生長。

捲成團狀的根（種植在一般盆器時，底部的根會整團捲在一起）。

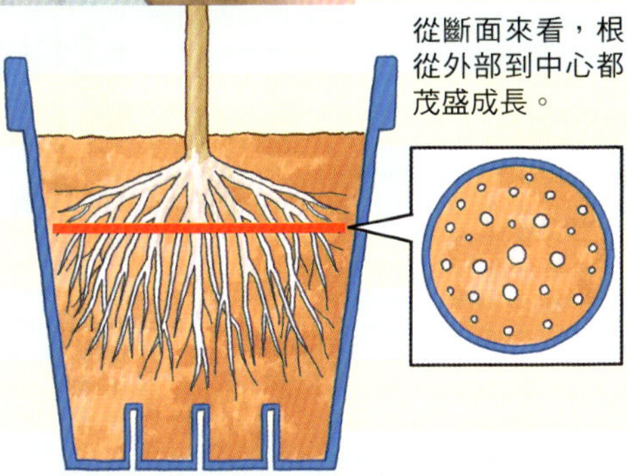

從斷面來看，根從外部到中心都茂盛成長。

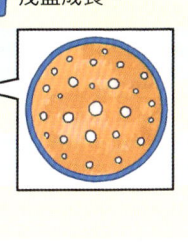

內部構造

縫隙

片狀物

植物的根在生長到盆器底部的縫隙位置後，根尖會停止成長，然後再重新冒出新的根。

依照材質做挑選

盆器按照材質可以分為塑膠、木頭、素燒盆。塑膠盆較便宜且重量輕，缺點是透氣性較差。

最適合用在果樹栽培的盆器是透氣性佳的素燒盆。在這之中又以瓦盆的設計感最好，自然高雅的風格極具人氣，適合當作最後定植的盆器。選擇確實燒過，具有厚度跟些微重量感的盆器最為理想。

最近纖維陶盆也越來越多，具透氣性又輕巧好搬運。不管是顏色或設計都很別緻，很適合拿來布置美麗的庭園。

選用底部有細長縫隙的盆器（cs pot）在育苗階段有顯著的效果

底部設計具有細長縫隙的盆器（cs pot），非常適合拿來移植或當作臨時盆器。這種盆器底部附有高度 5 mm 左右的片狀物。如果使用這種盆器，原本長到縫隙處後，由於討厭碰觸空氣，所以彎曲後持續生長的根，就會因為碰到片狀物而停止生長，可以避免捲曲成團狀的情形發生。

像這樣讓新的根接連從根間的空隙長出來，果樹才不會產生徒長問題，能夠長成紮實的形狀。

種植在瓦盆中的橄欖。

LESSON 5 挑選栽培的土壤

最理想的用土是透氣好、排水佳，保水性及保肥力都良好的土壤。對於用土不需要太苛求，只要購買市售的園藝用培養土即可。購買時要挑選優質的土壤，最好是混合花崗岩風化土和赤玉土的種類。

基本用土

赤玉土（中粒）

市售培養土

赤玉土（上）依據大小可以分為大粒、中粒、小粒。排水、透氣、保水性都很好，很適合當作盆栽培用土。
市售的培養土（下），已經先均衡調配好基礎土壤和改良土壤，可以立即使用。

石灰粒

熔磷

石灰粒（上）就是粒狀的石灰，用來中和酸性的土壤。粒狀溶解的速度比粉狀慢，效果更能持久。
熔磷（下）是含有20%磷酸和29%鈣的緩效鹼性材料。

各式培養土

最近市面上出現很多蔬菜或花卉專用的培養土種類。事先就均衡調配好基礎土壤和改良土壤，在使用上非常方便。

果樹專用類型

藍莓專用

藍莓專用土。藍莓喜歡弱酸性的土質，移植或換盆時若能使用專用的土壤就很方便。

園藝用

一般販售的園藝用培養土。只要再以3比1的比例混入赤玉土，就會變成非常好用的土壤。

有效率地運用市售培養土

從以前到現在園藝的書上都會寫，培養土應混合多少比例赤玉土、川砂、腐葉土、鹿沼土或蛭石等。看起來很簡單，但其實意外的困難。

不管是混合的順序、各自的水分含量、天候，還是混合後要放置的時間等等，都不能不一一考量。

所以不太推薦用這種繁複的方法混合土壤。

其實只要購買培養土專門業者調配出的「果樹用培養土」，就很方便。

就算不是果樹專用的培養土，一般販售的花草用土（非廉價的種類）中，赤玉土含量30～40%的土壤也很適合（直徑小於30cm的盆器用30%，大的則用40%）。

赤玉土　市售培養土

土壤的製作方法

熔磷　石灰粒

③ 加入鹼性的熔磷和中和酸性土壤的石灰粒。

① 將市售培養土和赤玉土倒入容器。兩者的比例約為 7：3。

④ 再次均勻混合後就完成了。

② 用鏟子均勻混合培養土和赤玉土。

盆栽栽培要以排水性和透氣性為第一考量

STEP UP 栽培知識

若說盆栽栽培的關鍵在於澆水的技術，其實也不為過。排水性佳、具有適度保肥力和保水力的用土，需要以赤玉土、腐葉土或黑土為基底，再添加必要的土壤做調整。用土如果長期潮濕的話，容器下層就容易缺氧，導致根部無法生長。必須保持稍微乾燥，下層的氧氣充足，才會長出很多新根，根量多的話，即使只有少量的水和肥料也能有效率地吸收。換句話說，等到土壤表面稍微泛白乾涸再充分澆水即可。

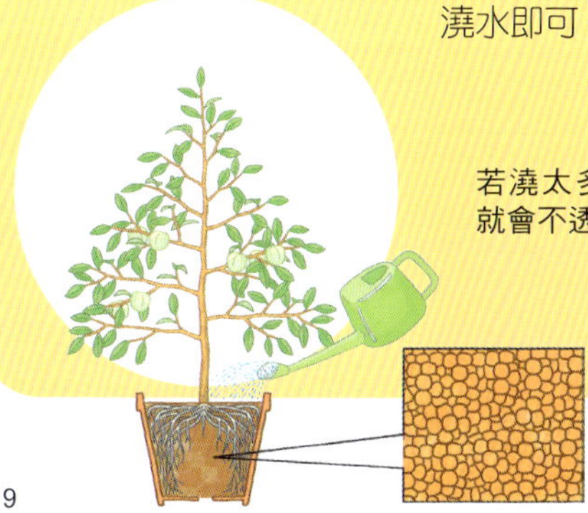

若澆太多水，土壤過於潮濕就會不透氣，造成缺氧

優良培養土的條件

① **豐富的有機質**
能夠儲蓄養分，有助於活化微生物的活動。

② **保水性、保肥性佳**
土壤能充分保持水分和養分。

③ **排水、透氣性佳**
團粒狀的土壤能排出多餘水分，幫助根部呼吸。

④ **可促進細根的生長茂盛**
柔軟、酸性適度的土壤，能夠促進細根的成長。

⑤ **不使用二次發酵的堆肥**
使用成熟的堆肥才不會因澆水等產生發酵熱，傷害到果樹根部。

LESSON 6 有效施肥的方法

想要收成很多果實，就不能不施肥。但是也不能過度施肥，必須事先仔細了解各種果樹的生長週期，適時適當地進行施肥。並盡可能以有機質肥料為主。

肥料的種類

雖然還是會依照栽培種類的不同而有些差異，但一般來說，果樹的肥料會分成基肥（寒肥）、禮肥（秋肥）、追肥（春肥、夏肥）三段施肥。基肥是在移植時或根部開始活動前的休眠期施予；春肥又稱為催芽肥，在發芽前施肥。禮肥的目的，則是為了收成後果樹的回復。

肥料的種類大略可以分為有機質肥料和無機質肥料（化學肥料）。

有機質肥料是以油粕、骨粉、魚粉等動植物原料為主的天然肥料。因為要藉由土中的微生物進行分解，在被根部吸收、產生效果前需要一段時間。但也因為效果較慢（遲效性），所以比較不會造成根部的損傷。

化學肥料就是化學合成的肥料，又稱為化合肥料。具有高含量的肥料成分，因為容易溶解在水中，所以能夠直接被根部吸收，效果快（速效性）。

施肥方法

肥料以生效速度較慢但能長時間持續的有機質「發酵」肥料為主。化學肥料需要按照不同時期施

肥料三要素

來了解植物生長最重要的養分——氮磷鉀，會對哪個部位產生什麼效果吧。

N 氮
- 又稱葉肥，促進植物的成長，讓葉色變深。如果過量施肥會造成果樹衰弱，變得不易開花結果。
- 氮若不足葉色會很淡，整體出現泛黃感。

P 磷
- 又稱果肥，能夠促進開花結果、增加耐熱與耐寒性。
- 磷不足會造成發育不良，開花跟結果的數量也會變少。

K 鉀
- 又稱根肥，幫助植物成長茁壯。
- 缺鉀會影響根部成長，對環境變化或病蟲害的抵抗力降低。

另外，也需要少量的鈣、鎂等「中量元素」，還有促進葉綠素的產生和增加代謝時不可少的鋅、鐵等「少量元素」。

20

> 柑橘類苗木的葉色泛黃，就是缺乏肥料的徵兆。將家庭用液肥稀釋 1000 倍左右後，連續 2～3 天反覆輕輕噴灑在葉面，就能夠看到效果。

施肥的方法

盆栽栽培因為澆水的次數多，肥料容易流失。除了一年一次的基肥外，還需要在土壤表面灑上作為追肥和禮肥的發酵肥料。

STEP UP 栽培知識

有機質肥料屬於肥效較慢的「遲效性」

不管是化合肥料或有機質肥料，都要先溶解於水中或被微生物分解後才能讓植物吸收。就算是相同的肥料，吸收速度也會受到土質、含水量、地溫等影響，產生時間上的差異。

液體肥料（液肥）或化合肥料，是能夠立刻被水溶解產生肥效的「速效性肥料」。化合肥料中經過人為處理延緩肥效的稱為「緩效性肥料」。有機質肥料因為需要時間讓微生物進行分解，所以效果較慢，稱之為「遲效性肥料」。

發酵肥料的施肥方法

將發酵肥料沿著盆器邊緣依相等間隔埋入。埋入肥料的位置每年最好稍微錯開。

發酵肥料（玉肥）

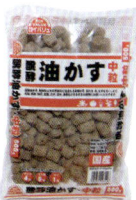

主要材料為油麻菜籽油或魚粉。需要一段時間進行分解，效果較慢顯現，但持續時間較長。

液體肥料

緩效性化合肥料

有機發酵固體肥料

予不同比例的氮（N）、磷（P）、鉀（K），比較複雜。相較之下，有機質「發酵」肥料除了可省去這些作業且持久度較長外，還能在油粕和骨粉的發酵過程中，產生N、P、K以外的微量元素。

發酵肥料就是將油粕發酵後的產物，立即當作肥料使用。但如果已經明顯出現發育不良的狀況，還是必須將家庭用液肥稀釋約一千倍後，連續在葉面施灑3天左右。

21

LESSON 7 會用到的栽培工具

選擇價格稍微高一點的好用工具，才能更快通往果樹栽培達人之路。好用的工具除了要用起來順手外，能讓作業更加倍輕鬆。最好選擇可以用很久的好工具。尤其像是園藝剪等，盡可能按照用途區分成多個種類。

從移植到收成，需要的工具和材料

水管車組 直接從水龍頭接上水管澆水，對於需要大量澆水的果樹栽培來說非常方便。可以輕鬆收納和搬動的水管車組，是很好用的法寶。

盆底網 直接將土壤倒入盆器的話，土壤會從盆器底部的孔撒出來，所以要用網子將孔蓋住。除此之外也有防蟲的功用。

支柱 為了避免移植後樹木倒塌，或在調整樹木形狀時誘引樹枝用。以塑膠製為主。

挖土鏟（大）（小） 挖土鏟是將培養土放入盆器時的重要工具。多為塑膠（右圖）或不銹鋼製（左圖）。

園藝用束帶（箭頭狀） 欲將藤蔓或樹枝固定在支柱或棚架上時，進行的誘引作業中使用。市售的橡膠材質束帶很好用。

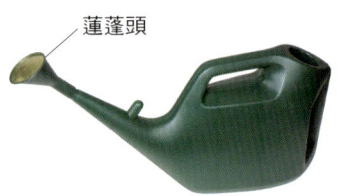

蓮蓬頭

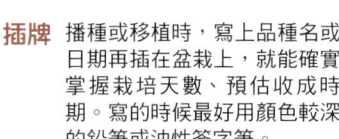

插牌 播種或移植時，寫上品種名或日期再插在盆栽上，就能確實掌握栽培天數、預估收成時期。寫的時候最好用顏色較深的鉛筆或油性簽字筆。

長嘴水壺 具有不同的大小或蓮蓬頭形狀，種類非常多。果樹栽培時需要大量澆水，建議選擇重量較輕、容量較大的種類。

22

剪刀類

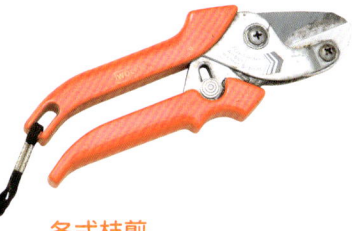

各式枝剪

從果樹的修剪到收成中常會使用到。最好配合不同粗細的枝幹，備妥2～3種剪刀。選擇適合自己手大小的好握類型，也有女性專用或左撇子專用可選擇。

採收剪

刀刃前端彎曲，方便採收橘子或柿子等果實時剪梗用。

葡萄剪

很適合用於種植葡萄時的照顧、摘粒、收成作業等。刀刃比一般採收剪細，刀尖也較銳利，方便摘剪葡萄。

切接刀 修修剪時用來修整樹枝斷面，以及扦插或嫁接時使用。切口越銳利越好用，所以使用前務必將刀刃磨利。

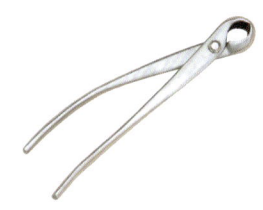

又枝切剪 可以將較粗的枝幹直接切除。交錯的枝幹也能從基部乾淨地切除。

套上套袋的桃子。

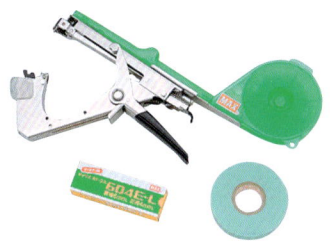

綁枝器 將枝幹綑綁在支柱上的器具。握住握把的地方，拉出帶子後將要綑綁的目標（枝幹和支柱）綁在一起，再用訂書針固定即可。

園藝鋸 園藝用鋸子。是以垂直木頭紋路切鋸的橫切單刃鋸，前端的鋸齒較細，就算是較密的枝條，也能在不傷到四周樹枝的情況下切除。

果實套袋

避免果實受到病蟲害或淋到雨而裂開，在幼果時期先用套袋套上，就能收成漂亮的果實。有蠟紙和塑膠等材質。

LESSON 8 不會失敗的樹苗移植方法

盆栽栽培中最重要的作業就是樹苗移植。移植前要先整理樹苗的舊根，才能促進新根的成長。此外，為了幫助新芽生長，也必須將地上的部分做切除。不需要擔心「切除」會造成損害，務必確實執行。

一手掌握移植樹苗的好壞關鍵

要如何在盆栽栽培中種出好吃的水果？這其中最大的關鍵在於強壯的根。

結出果實後，首要目標就是儲蓄養分和水分，讓果實能夠長大。而提升甜度，則取決於葉子量和根量（豐厚量）。換句話說，就是要盡可能好好培育果樹的根。所以移植是最重要的第一步。

移植的方法

和種在寬敞土地時不同，盆器種植的根部發展空間會受到侷限，所以根部的照顧格外重要。

移植前，先將根部土塊的位置上下切除（根與根間凝固的土壤部分），再從側面縱切幾刀，可以

移植至新盆器

先剝落包裹住根部的泥炭土或苔蘚，再撥掉根部土壤，整理一下根部。

① 將樹根和盆器擺在一起，調整種植深度和要切除的根部位置。

根部剪除線

嫁接膠帶

② 切除粗根的下方部分，讓最上層的根可以貼近土壤表面。拆除嫁接的膠帶。

Point!
直接切除即可，不用過於擔心。切除後還會長出新的根，而且長成更好的狀態。

After

③ 橫長出來的根，就如同照片般全部切除。以根部可以輕易放入盆器中為準。

24

支柱

⑦ 立支柱避免根部晃動，用束帶確實綑綁住。

園藝用束帶

⑧ 完成後要充分澆水，澆至水從盆底流出來為止。

50cm

木工用接著劑

⑥ 地上部分保留50cm左右長度後，其餘切除。切口塗上木工用接著劑，避免感染。

Point!
根部向四周均勻拓展。

④ 準備CS盆器，將用土倒入約1/3左右的位置。在盆器中央放入樹苗後，蓋上土壤至掩蓋住整個根部。

⑤ 兩手輕輕插入土壤，用指尖撥動土壤，讓土壤和根部更密合。轉動盆器90度後再做一次。

柑橘類的移植要點

STEP UP 栽培知識

柑橘類的樹苗，很常出現上方根少、下方根多的情況。但因為一般常綠樹都是由上方的根在主導樹的成長，所以如果切掉上面的根而留下下面的根，反而不易栽種。必須保留上方的根，將下方的根切除後，直接埋入土裡。

幫助新根發育。一開始先種到不會讓根捲曲成團狀的CS盆器中，之後再移植到素燒盆。如果是使用容器苗，可以先種到7號盆（直徑15～18cm），3年後再換盆到10號盆（直徑30cm）中栽培。

移植容器苗的方式和換盆相同（→P26），使用一樣的培養土即可。

LESSON 9 盆栽的重整作業

移植完2～3年後，根會不斷在盆器內成長，漸漸塞滿整個盆器。若這種情形嚴重的話會造成果樹枯萎，所以需要換到較大的盆器中並換上新的用土，進行換盆作業。

換盆才能徹底解決根滿問題

樹苗經過移植後成長，很容易出現根捲曲成團狀（盆器被團團生長的根填滿）而塞滿盆器的情形。在這種情況下，根很容易腐敗、無法吸收肥料，造成果樹衰弱，甚至枯萎。為了避免這種問題發生，必須進行換盆或換土等重整作業。

當根長滿盆器，或是土壤環境開始老化時，就是換盆的時機。一般來說，大概2年左右就要準備新的用土和更大的盆器來換盆。作法是將從盆器中拔出來的舊根切除約三分之一，再移植到新的土壤中。

換盆的方法

將培育2年的無花果從6號素燒盆換到較深的10號素燒盆裡。需利用休眠期間進行換盆是基本原則。

10號素燒盆
2年生無花果盆 — 素燒盆

先在盆底倒扣一個小素燒盆，再倒入土壤到盆器的1/3左右。

Point!
倒扣素燒盆可以確保盆中保有夏天涼爽、冬天溫暖的空氣。素燒盆的透氣性佳，還可以防止水分囤積在盆底。如果倒入大粒砂石，根就會纏繞著大顆粒的砂石成長，反而不會拓展到最重要的土壤中。

換盆的徵兆

CHECK POINT

如果盆器中的根長得太密太實，就會從盆器表面或盆底孔中長出來。當用土老化僵硬時，澆的水就無法滲透進土壤中，就會囤積在表面。

Check3	Check2	Check1
澆水時水是否有確實滲透進去。	根是否有從盆器底部長出來。	根是否有長出盆器表面。

 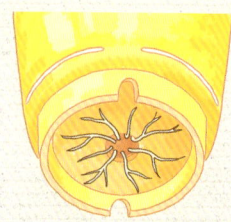 

Point!
使用和一開始移植時相同的培養土即可。

⑦ 將根團放進新盆器中固定好後倒入培養土，適度調整樹苗的高度及方向。

⑤ 用前端較細的剪刀修整鋸子切下的根團切口。

1～2 cm

② 從土壤中挖出果樹的根團後，將已經沒有腐植質，變成砂狀的上層土壤削掉 1～2cm 左右。

園藝用刀

⑧ 將剩下的培養土倒入盆器。沿著盆器周圍將刀插入土壤中，可以讓根部比較穩固不滑動。

⑥ 接著縱向在根團周圍劃幾刀 1cm 左右深度的切口。根會從劃過的地方開始不斷向外 360 度平均長出新根。

Point!
根要朝下生長，才能長出耐旱耐熱強壯的根。

③ 如果留下向上生長的根，根就只能繼續朝上成長，所以要用剪刀將長出表面的根剪掉，讓根可以順利往下成長。

切除

④ 因為會先倒入土壤至盆器高度的 1/3 左右，所以盡可能將根團的底部用鋸子水平切下，之後才能平放。

⑨ 立支柱固定果樹，充分澆水到水從盆底孔流出來即可。進行換盆作業時動作要快，根才不會乾掉。

① 沿著盆器邊緣用鑽子挖洞。要小心不要傷到靠近果樹附近的主根。

培養土

③ 將培養土鋪在盆器表面全體。就算沒有經過①②的過程，只進行這個動作也有效果。

棍棒

② 將混合堆肥（最好是發酵過的牛糞）的培養土，用細長棍棒一邊壓一邊慢慢倒入洞中，將其填滿。

④ 在盆器表面完全鋪上培養土後，再大量澆水就完成了。

使用鑽子重整

無法進行換盆時，可以用鑽子在土壤上挖幾個洞，再把肥料倒進洞裡，添入新土重整。

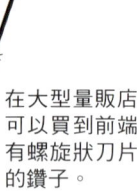

在大型量販店可以買到前端有螺旋狀刀片的鑽子。

使用電鑽超簡單

使用有力的工業用電鑽，就能輕鬆完成打洞的動作。但要小心避開果樹附近，避免傷到主根。

輕鬆重整土壤

盆栽長期栽種下，土壤表面也會逐漸硬化。透過簡單的中耕作業，就能改善土壤

利用耙子鬆動硬化的土壤，不但可以提供根部氧氣，還能預防雜草。

拔掉盆栽中的雜草也是重整作業中重要的一環。

28

移植重點

移植時要注意的重點

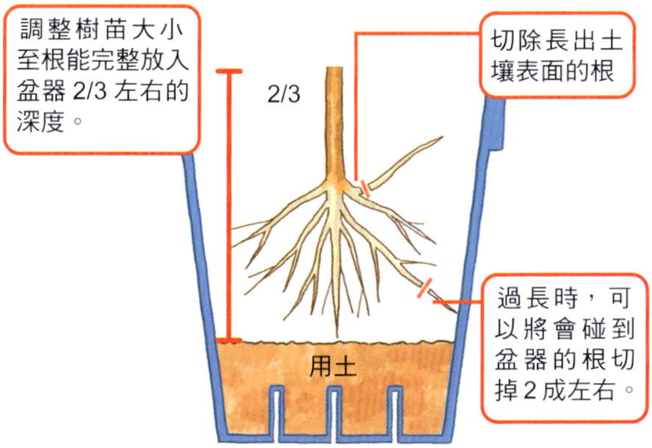

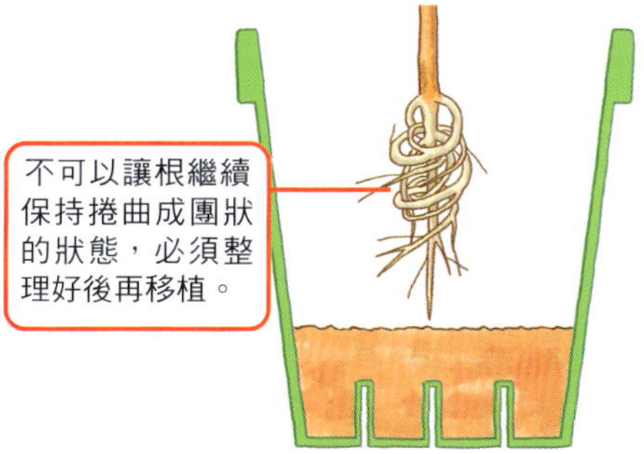

- 調整樹苗大小至根能完整放入盆器 2/3 左右的深度。
- 切除長出土壤表面的根
- 過長時，可以將會碰到盆器的根切掉 2 成左右。
- 用土
- 不可以讓根繼續保持捲曲成團狀的狀態，必須整理好後再移植。

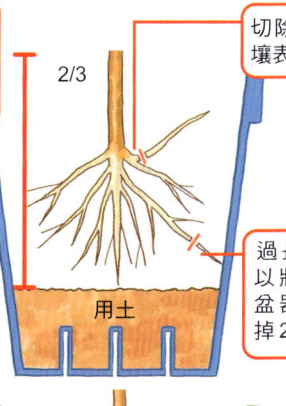

根的條件

- 在離表面較近的地方橫長的根⇒有助花芽成長
- 長出土壤表面的根⇒容易造成徒長枝，所以要從根部切除
- 在 AB 之間，朝斜下方生長的根⇒促進枝幹、花朵、果實成長的萬能根
- 筆直生長的根⇒幫助樹本身成長茁壯

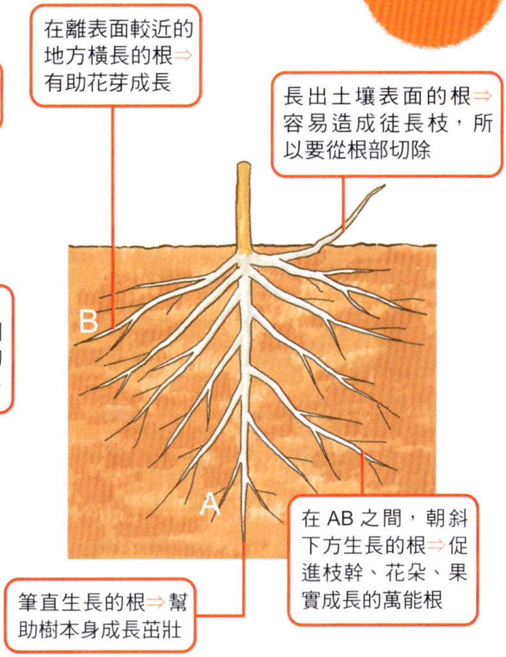

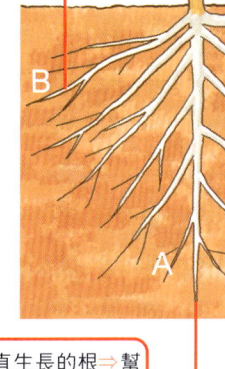

盆栽栽培中的要點，就是確保朝斜下方生長的根量夠多。只要抓住這點，就能栽種出開很多花、結出碩大果實的果樹。

STEP UP 栽培知識

果樹與樹下的共榮植物

只要善用種植果樹的盆器，就能體會到增多 2、3 倍的樂趣。

以常綠果樹來說，將最近很流行的斐濟果果樹種在大盆器中，底下種些迷迭香或鼠尾草等香草植物，即使是在不開花的季節，也能體會到香氣瀰漫的樂趣。

種植斐濟果果樹時，除了觀賞熱帶風情十足的花朵外，彷彿結合了香蕉、鳳梨、蘋果等清爽甜味的果實也令人萬分期待。

果樹中有些種類具有「他感作用」，和其他植物一起栽種的話，可以驅除害蟲、讓害蟲不敢接近，或改變果實本身的味道等。

斐濟果的花

在斐濟果果樹下種鼠尾草植栽。

LESSON 10
澆水時的注意事項

和種植在庭院中不同，澆水對盆栽栽培來說是非常重要的作業。要小心缺水或澆太多水，兩者都會造成植物枯萎。

表面土壤乾燥時就要澆水是基本觀念

盆栽澆水時的基本，就是要澆到水從盆底孔流出來。一口氣澆完的話水分無法充分流通到土壤之中，所以要分幾次慢慢澆。澆水時盡量不要碰到花或果實，直接朝根部澆水。像是葡萄的葉子如果碰到水就容易產生病害，需要小心注意。

夏天要在早上9點前澆完水

澆水的次數約莫是春秋季早上澆一次；夏天盡可能早上、傍晚各澆一次；冬天則一周一次左右。夏天澆水時要特別注意，必須在早上9點前澆完水。如果非得在日正當中時澆水，就必須澆到水大量從盆底流出來為止，才不會造成地溫上升，損傷植栽。

冬季時，基本上一個禮拜或10天左右澆一次水就足夠，但若放置盆栽的地方較乾燥，還是要多澆一點水。

過了白天或傍晚以後，除非已經到了缺水的地步，否則盡量不要澆水。

缺水的症狀

葉緣部分開始乾枯，就是缺水的徵兆。

土壤水分計

用來測量土壤的乾燥狀況。運用土壤水分計得知土壤的含水度，就可以明確了解澆水的時機。圖中是同時測量土壤水分及酸鹼度的種類。

澆水的方法

雖然澆水對盆栽栽種來說不可或缺，但澆太多水也會造成根部腐爛或植物枯萎。澆水有個要訣，先用手指在土壤表面挖1cm左右的洞再大量澆水，並在乾涸前挖鬆土壤。

① 觀察盆栽土壤表面的乾涸程度，決定澆水的時機。

② 當土壤呈現泛白乾涸狀時就必須澆水，但要小心不要讓果實碰到水。

③ 分次多量澆水至水從盆底孔流出來。

30

輕鬆打造澆水裝置

在寶特瓶的瓶蓋及瓶底穿洞後，插入土壤中。盛夏及冬天時，由於瓶內的水容易變熱、結冰，不適合使用。

寶特瓶 / 由打洞的大小調節水流出的速度

預防缺水的方法

種植盆栽時很容易忘記澆水。但缺水對植物來說不僅會產生很大的壓力，還會影響果實的收成。需要花點心思避免缺水的情況發生。

噴嘴

自動灑水裝置　常常不在家或長時間無法澆水的人，可以使用自動灑水裝置。只要事先設定好，就能在固定的時間或間隔內，從植物根部周圍的噴嘴自動灑水。

鋁箔材質　　**堆肥**

防止乾燥的方法

對於不耐夏季暑熱乾燥或低溫的嬌弱品種，可以用地面覆蓋的方式，保護靠近土表的根部不因乾燥造成損傷。

鋁箔覆蓋　能夠預防土壤乾燥、雜草，藉由光反射防蟲，還有保溫效果，有助於生長。

堆肥　用堆肥覆蓋避免水分蒸發，還能有效防寒。也可以使用樹材堆肥或乾稻草。

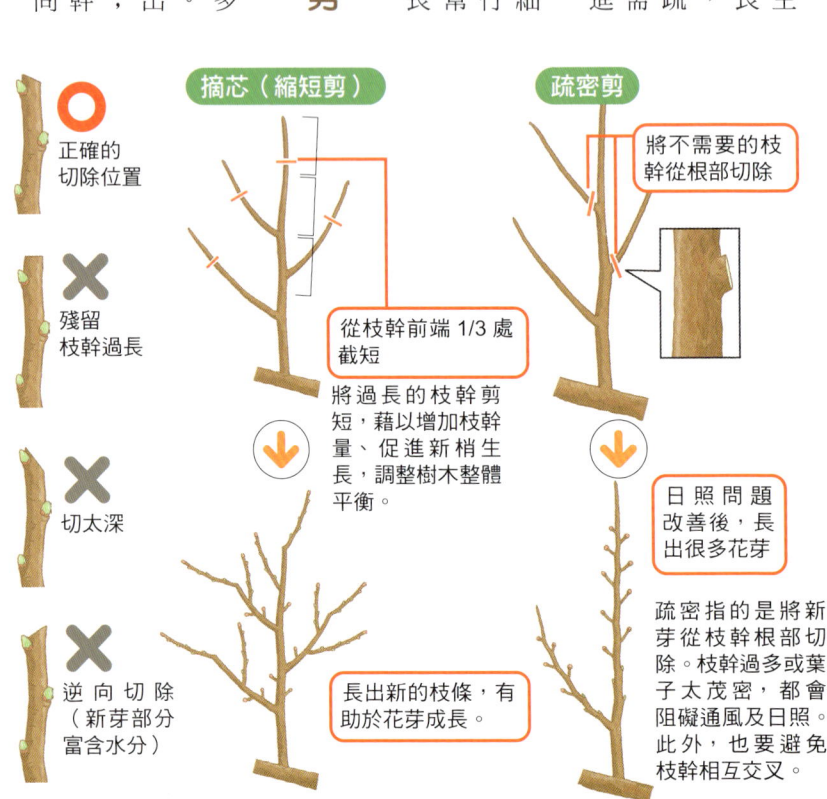

LESSON 11 整枝修剪的方法

任由果樹隨意生長的自然樹形，對日照還有通風都有極度不好的影響。最後養分都會被枝葉吸收，造成過度營養生長、不易結果、滋生病蟲害的情形。所以必須適度修整多餘的枝幹，調整樹形。

整枝修剪的目的

整枝修剪是果樹栽培中很重要的一環。藉由修剪來調整樹形，也就是所謂的整枝。整枝修剪的目的，就在於調整樹形以利果樹開花結果。

為了讓果實能平均遍布，果樹全體需要均衡地照到陽光。為此，必須考量隔年枝幹的生長及結果情形，配合各季節進行管理。移植後第一、二季，是管理盆栽果樹最重要的時期。

修剪大致可分為疏密剪及縮短剪。除此之外，還會進行誘引來調節枝幹成長方向及速度。

冬天的修剪（冬季修剪）

一邊考量要如何配置

長有葉芽和花芽的一年生枝幹，一邊進行修剪。長出無數粗長枝幹的果樹，需要進行適度的疏密。疏密過後的剩餘枝幹，則需要藉由誘引或擰枝來促進花芽增長。

若果樹只能長出又細又短的枝幹，就必須進行縮短修剪的作業，才能幫助隔年長出很多又粗又長的枝幹。

春天到夏天的修剪（夏季修剪）

春天到夏天時期，多以新梢的疏密修剪為主。從主枝及亞主枝上方冒出來的芽會長成粗長的枝幹，需要拔除。如果放任枝幹不管，之後會造成徒長問題，所以要從根部切除。

正確的切除位置

✗ 殘留枝幹過長

✗ 切太深

✗ 逆向切除（新芽部分富含水分）

摘芯（縮短剪）

從枝幹前端 1/3 處截短

將過長的枝幹剪短，藉以增加枝幹量、促進新梢生長，調整樹木整體平衡。

長出新的枝條，有助於花芽成長。

疏密剪

將不需要的枝幹從根部切除

日照問題改善後，長出很多花芽

疏密指的是將新芽從枝幹根部切除。枝幹過多或葉子太茂密，都會阻礙通風及日照。此外，也要避免枝幹相互交叉。

夏季修剪

③ 疏去下方側枝，打造簡潔的樹形。

② 進行夏季修剪，將過長的枝條前端切除。

① 春天時新梢長出許多枝葉，若過度茂密會對通風日照帶來不好的影響。

切除分蘗芽

不是從嫁接處上方長出新梢，而是從下方與土壤間的空隙處冒出的新芽。放置不管的話，會延緩上方枝幹的生長速度，是果樹枯萎的原因之一。要在夏季來臨前從根部切除。

茂盛長出的分蘗芽

分蘗枝

↓ 從根部小心切除。

打造良好枝幹骨架的重點

打造枝幹骨架時，以中間主幹能夠筆直成長為主。切除其餘平行枝，讓整體隨時維持三角形的形狀。

⭕ **打造三角形的切除方法**

❌ **無法變成三角形的錯誤切法**

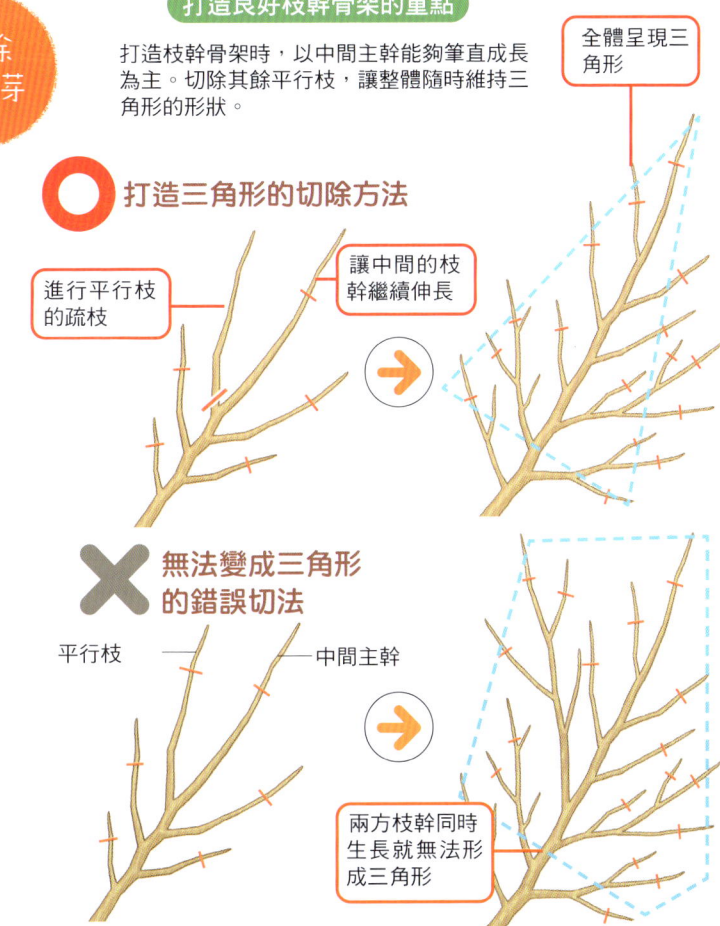

進行平行枝的疏枝

讓中間的枝幹繼續伸長

全體呈現三角形

平行枝　　中間主幹

兩方枝幹同時生長就無法形成三角形

誘引、撚枝

植物的枝幹具有越往上筆直生長就會長得越好，反之則越差的特性。但快速往上生長的枝幹不利於花芽的生成，所以必須抑制枝幹向上生長的速度，或改變枝幹的方向，讓枝幹橫向或向下發展，稱為誘引。

誘引時會以支柱或繩子將枝幹固定，改變生長的角度。另外像葡萄、梨子等，在棚架上撚折枝幹來掌控生長方向和速度的方法，稱為撚枝。

立支柱誘引

撚枝的方法

5～6月時，新梢根部較強健，只要將從根部撚枝，就能橫向彎曲枝條。如此一來也能適度抑制徒長枝條的生長，促進開花結果。

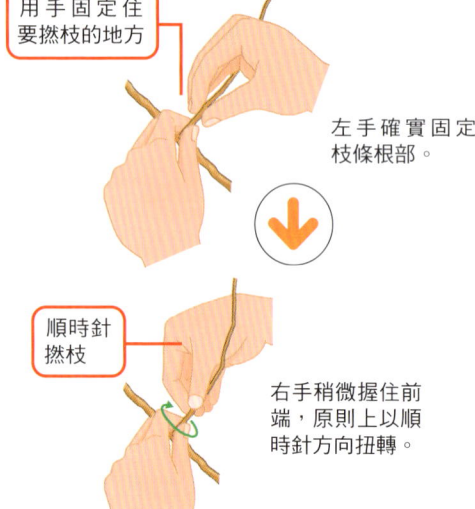

用手固定住要撚枝的地方

左手確實固定住枝條根部。

順時針撚枝

右手稍微握住前端，原則上以順時針方向扭轉。

誘引的方法

用繩子將新梢拉往目標方向，冬天枝幹較硬較難往下拉。和撚枝一樣，最好在5月中旬時分次進行。

處理剩餘殘枝

③ 塗上木工用黏著劑，預防乾燥。

② 乾淨平整的切口。

① 用又枝切剪切除殘枝。

進行過疏枝的位置，以及長在同一處後被切除的內側平行枝，都會留下殘枝。為了避免殘枝讓前端長不出新芽，從切口開始乾枯，必須用專門的又枝切剪從根部將其切除。

34

果樹骨架與枝幹名稱

一棵果樹中長出的枝幹，可以依據其形態特徵分類型。

結果枝・結果母枝
結出果實的枝幹，稱為結果枝。而長出結果枝的枝幹，就稱為結果母枝。結果時依據長短又分為長果枝、中果枝、短果枝。

發育枝
只發芽不開花結果的枝條。

主幹（幹）
指最下層主枝（第一主枝）至土壤表面間的部分。主幹短的話就能抑制樹高。

亞主枝（副主枝）
從主枝上長出來，形成骨架的第二主枝。每根主枝上平均保留3～4根亞主枝。完成樹形的修整後即不再修剪。

主枝
從主幹中長出的枝幹，構成樹形的骨架。一棵樹中約左右平均分配3～4根。

側枝
從主枝及亞主枝上長出的細小枝條，會形成結果枝或結果母枝。小心不要使其過於密集。

打造果樹骨架的幼木修剪

從種下苗木開始4年間，一邊考量最終的成木樹形一邊做修剪。

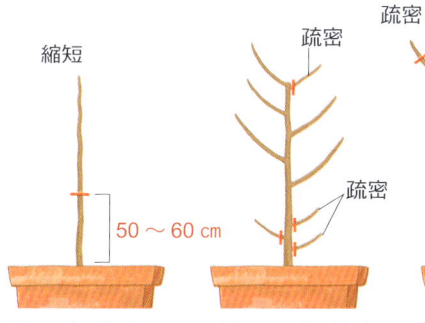

第1年的冬天
從樹苗的根部上方50～60cm的地方截短，促進主枝的成長。

第2～3年的冬天
保留3～5枝作為主枝的枝幹，其餘枝幹都切除。

第4年的冬天
決定好主枝位置，其他枝幹做完疏密剪後，切除主枝前方約1/3的前端。

不需要的枝幹種類

會阻礙日照及通風，或妨礙到其他枝幹健全生長的枝幹，都要做疏密切除。

平行枝
同方向平行生長的枝條。因為其中一根樹枝的陽光會被擋住，所以必須切除其中一根。

輪生枝
在同一位置長出很多枝條。留下必要的一根後，其餘進行疏密切除。

徒長枝
不斷向上伸長的枝條。只會長葉子不會開花結果，從根切除。

分蘗枝
從主幹根部附近長出的細枝。從土壤中的根部切除。

交叉枝
主枝或其他枝幹上長出的交錯樹枝。會妨礙其他枝幹健全成長，需要進行疏密剪。

內向枝
向樹冠內側長的枝條。會影響到日照和通風，必須進行疏密剪。

下垂枝
向下生長的枝條。容易長成會影響果樹發育的弱枝，需要從根部切除。

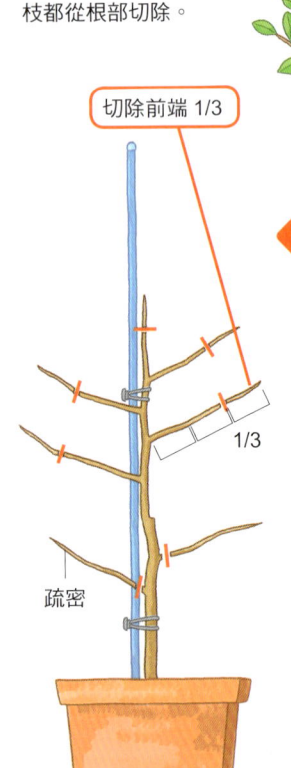

LESSON 12 從移植到成木的果樹樹形

想要收成美味的果實，就必須配合各種果樹的成長進行果樹管理。尤其在前二年，對果樹來說更是關鍵時刻。

打造落葉果樹的樹形（例：蘋果）

移植後二年內，要專心培育果樹樹形

第一年，果樹移植後必須先將主幹切除至50cm左右。切除過後的主幹切口周圍會長出茂盛的新梢。均衡配置這些新梢就是第一年冬季前的目標。

第二年，截短筆直生長的主幹，促進生長。同時，為了不讓第一年長出來的側枝影響到彼此的成長，必須進行整枝修剪。

等到第三年初，苗壯的枝幹上就會長出很多花芽，就算數量不多還是有收成的可能。之後和第二年時一樣，將各枝幹前端截短，藉以增加枝幹、結果枝的數量，還能提高收成量。

第1年的管理

移植
風大時根部容易被吹動，不利於扎根。所以移植後務必縮短主枝，確實將主枝固定在支柱上。而且還能在立支柱的同時，順道將移植後的土壤壓得更緊實。

- 切除至50cm左右
- 立支柱誘引

夏季修剪
移植後不用多久，就會開始冒出新梢。預留3～4根朝樹冠中心生長的新梢當主枝候補，其餘枝幹通通切除。

- 除了主枝以外的枝幹都進行疏枝
- 保留

冬季修剪
從夏天修剪後留下的主枝中，平均留下中心和左右各兩根枝幹，並切除各自前端的1/3左右，其下方長出來的側枝前端也做截短。除此之外所有主枝上長出來的小枝都從根部切除。

- 切除前端 1/3
- 1/3
- 疏密

36

第 2 年的管理

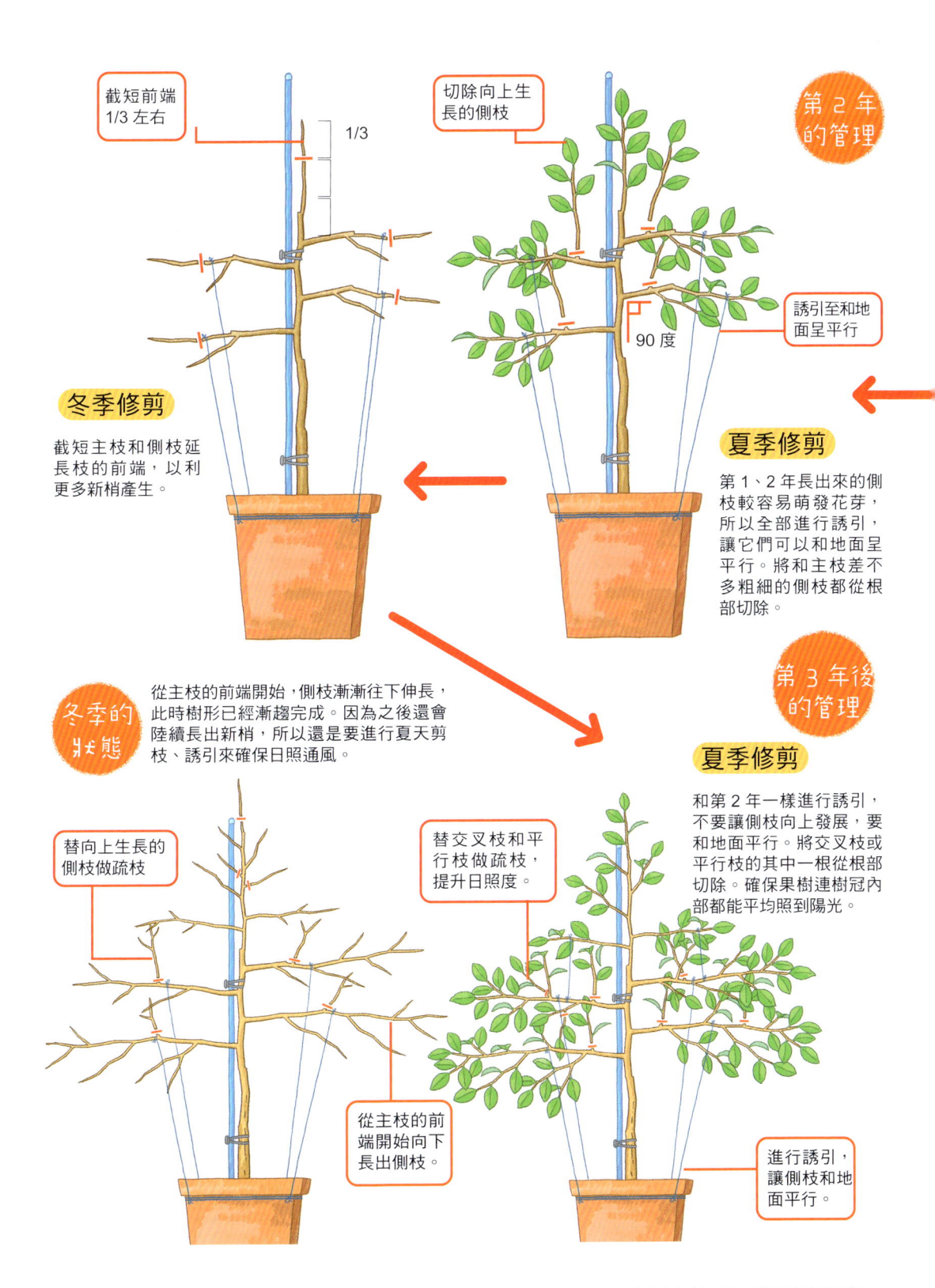

截短前端 1/3 左右

1/3

切除向上生長的側枝

誘引至和地面呈平行

90 度

冬季修剪
截短主枝和側枝延長枝的前端,以利更多新梢產生。

夏季修剪
第 1、2 年長出來的側枝較容易萌發花芽,所以全部進行誘引,讓它們可以和地面呈平行。將和主枝差不多粗細的側枝都從根部切除。

第 3 年後的管理

冬季的狀態
從主枝的前端開始,側枝漸漸往下伸長,此時樹形已經漸趨完成。因為之後還會陸續長出新梢,所以還是要進行夏天剪枝、誘引來確保日照通風。

替向上生長的側枝做疏枝

替交叉枝和平行枝做疏枝,提升日照度。

從主枝的前端開始向下長出側枝。

夏季修剪
和第 2 年一樣進行誘引,不要讓側枝向上發展,要和地面平行。將交叉枝或平行枝的其中一根從根部切除。確保果樹連樹冠內部都能平均照到陽光。

進行誘引,讓側枝和地面平行。

37　＊這種打造樹形的方式對蘋果或梨子樹特別有用。但是不同種類的果樹,其成長速度、花芽的結成方式都不同,所以會有些差異產生。

打造常綠果樹的樹形

從第一、二年的春枝打造樹形

落葉果樹的修剪作業以冬季為主，但常綠果樹則要在發芽前進行，藉以打造出全體日照充足的樹形。樹形上大多以上下都能平均照到陽光的三角形為主。一般來說會保留3～4根主枝，再藉由主枝上長出的側枝橫向擴張。

如果不進行修剪，樹冠內部的枝條會因為照不到陽光而枯死，夏枝本來就已經很旺盛的常綠果樹更是如此。幼木時期因為要利用夏枝擴大樹形，所以只切除下垂部分，但成木則需從春枝基部直接切除。雖然也可以在春季修剪時再進行此作業，但最好還是在10月左右完成。另外，如果有交叉枝等會阻礙到日照的情形，也要做修剪。

> **第 1 年 的管理**

移植

確實替果樹進行斷根，只留下根部。移植後務必替主枝做縮短修剪。

截短

40~50cm

將長長的根剪到基部位置

疏密過於密集的枝條

誘引至下方

第 1 年的修剪

橘子等果樹就算任意生長也多半是長出細根，不會長太高，所以不太需要修剪。但在 12 ～ 2 月間還是要做疏密，切除過於密集的枝條。往上長的枝條則用繩子綁住後誘引至下方，藉以管理果樹的成長。

38

以 30 片成葉對 1 顆果實的比例進行疏果

第 3 年的管理

切除細長的徒長秋枝前端

第 2 年的管理

小心不要剪到花芽

疏果

在 5～6 月的自然落果時期結束後的 6 月下旬～7 月中旬間執行。以溫州柑橘來說，疏果的比例約莫是 30 片成葉對 1 顆果實。

縮短剪

將沒有果實的枝幹截短，之後才會長出更多新的枝條。

切掉沒有結果的枝幹，促進新梢成長

疏去過於密集的枝條

第 2 年的修剪

1～3 月時，新梢前端會長出花芽。秋枝等過長或過於密集的枝條，和第 1 年一樣截短前端的部分。但要小心不要切到長有花芽的地方。

將較長的枝條截短一半

第 4 年後的管理

移植後 2～3 年就要進行換盆，時間和移植時一樣，差不多是 3 月中左右。將果樹從盆器中拔起後拍落根團上的土，切掉舊根稍微整理一下，換到比原本大 2 成左右的盆器中。同時把較長的枝條截短一半。

換到大 2 成左右的盆器中

拍落根團上的土，切掉老化的根

39

打造藤蔓果樹的樹形

將新梢向上誘引，離開地面

說到藤蔓類果樹的代表，不外乎就是葡萄、奇異果、木通、黑莓等，不管哪種都可以趁幼木時期自由彎曲枝幹。立棚架時，先將樹苗從3～5節的地方做縮短修剪，只選生長狀況最好的一株做誘引。

如圖中的格子狀棚架，到了第二年開始，就必須替側芽上長出來的新梢做適度的疏密和誘引，讓所有枝條都能夠離開地面、往上生長。第二年冬天，從側枝的第二節做截短修剪。第三年開始保留從切口長出來的其中一根枝幹結果，其他全部切除。較早結果的果樹，約在四月尾聲到六月上旬間就會從新梢上開花結果。第四年後一樣從第二節處做修剪，其餘截短即可。

第 1 年的管理

- 切斷
- 主枝繼續生長
- 切斷
- 60cm
- 疏密
- 60cm
- 側枝從第6片葉子左右的位置後截除
- 立支柱做誘引

架立兩根60cm支柱做誘引的水平整枝法。可以抑制樹高，方便管理。

冬天修剪
葉子掉落後，將主枝前方的綠色部分和木質化的褐色部分切除。其餘側枝皆從第2節的地方截短。

- 將主枝前端木質化的部分切除
- 切斷
- 所有側枝都從第2節的地方截短

夏天修剪
只留下一根健壯的主枝筆直生長。此時若長出側枝，就從第6片葉子左右的地方截短。

移植
果樹種植到土壤中的同時，將支柱立直做誘引。縮短修剪的位置要依據誘引後的枝幹及根量來做判斷，但大約從3～5節的地方截短。

- 從第3～5節處截短

第 3 年後的管理

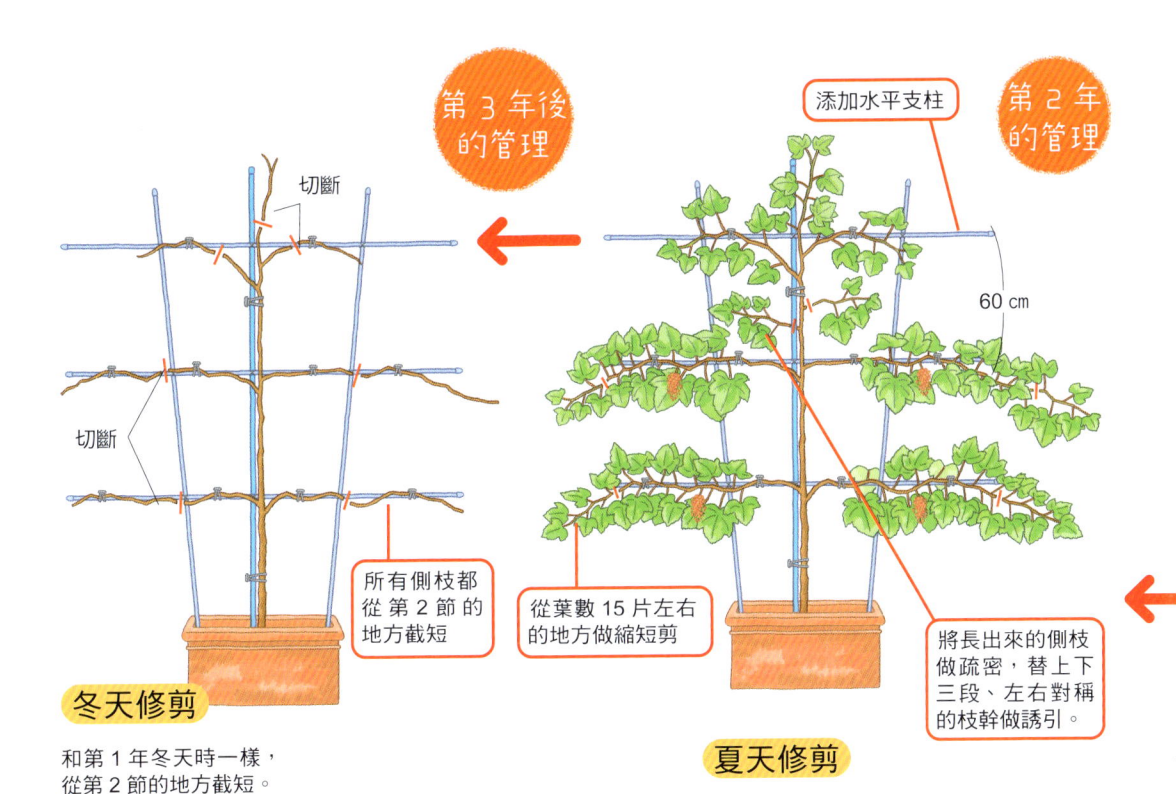

第 2 年的管理

添加水平支柱

60 cm

切斷

所有側枝都從第 2 節的地方截短

從葉數 15 片左右的地方做縮短剪

將長出來的側枝做疏密，替上下三段、左右對稱的枝幹做誘引。

冬天修剪

和第 1 年冬天時一樣，從第 2 節的地方截短。

夏天修剪

和第 1 年一樣，將長出來的側枝以 20cm 左右的間隔做疏密剪。已經茁壯的枝幹，就從成葉數 15 片左右的地方截短。

切斷

切斷

枝條從葉數第 15 片左右的地方截短

夏天修剪

和第 2 年夏天時一樣，留下一株從側枝切口長出的新梢，做水平誘引。該年就會開出很多健康的花，促進果實生成。枝幹即使結果後還是會繼續伸長，為了讓果實能夠獲得充沛的養分，要將枝條從葉數 15 片左右的地方截短。

圖為在第 1 年夏天，留下一株發育良好的主枝，筆直生長的模樣。

LESSON 13 瞭解結果習性

花芽的種類和位置都會因果樹不同有所差異。想知道開花結果的枝幹位置，就必須先瞭解花芽的萌發方式，才不會在修剪時切到花芽形成的地方。

整枝修剪中不可不了解的結果習性

果樹一旦不開花就無法結出果實。就算是所謂的無花果，也會在果實內側先綻放出數千朵花後才結果。

果樹的結果習性，其實就是指開花結果的枝幹位置，基本上有其一定的規則性。如果不知道自己栽種的果樹會在哪個位置開花、結果，就無法進行包含修剪作業在內的樹形打造作業。

花芽的種類有兩種，一種是單純開花的花芽；另一種則是會同時長出枝條及花，或是在新梢前端開花的芽（混合芽）。依照結果習性的不同，可以分為以下5個類型。

花芽著生的方式

I. 花芽 A

枇杷或藍莓

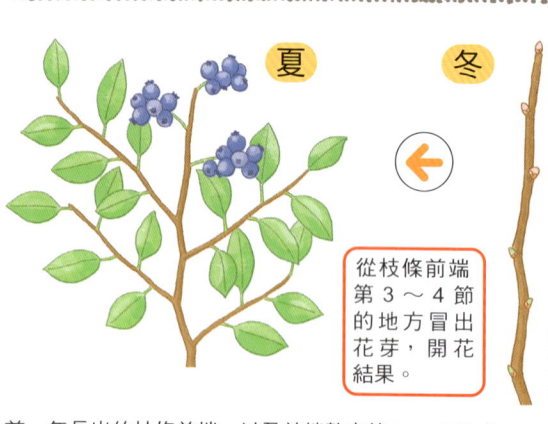

夏 / 冬

從枝條前端第3～4節的地方冒出花芽，開花結果。

藍莓的花

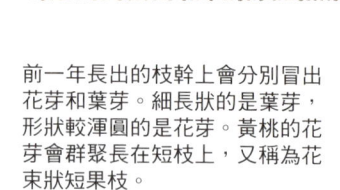

前一年長出的枝條前端，以及前端數來第3～4節處長出來的側芽，會長出只會開花的花芽。

II. 花芽 B

桃子、梅子、日本李、杏桃、加州梅、黃桃、毛櫻桃

冬 / 夏

前一年長出的枝幹上會分別冒出花芽和葉芽。細長狀的是葉芽，形狀較渾圓的是花芽。黃桃的花芽會群聚長在短枝上，又稱為花束狀短果枝。

日本李的花

前一年長出的腋芽處會萌發花芽開花結果。

葉芽

42

從前一年長出的生長枝上發出新芽，新芽前端長出花芽。但前一年已經結過果，或是結果後被疏果沒收成的枝條都不會長出花芽，要再過一年才會開花結果。此外，如果不平均分配可以結果的枝幹和不能結果的枝幹，就會反覆出現收成好和不好的時期。（隔年結果）

溫州柑橘的花

夏　冬

III. 混合芽 A

橄欖、柿子、柑橘、栗子、棗子、芒果

從前一年長出的枝條前端，以及前端數過來第 2～3 節葉腋處長出混合芽，花芽長成新梢後開花結果。

前一年的枝條側芽上長出的混合花芽，會隨著春枝伸長，長出花蕾並結果。該年結出果實的枝條稱為結果枝，前一年的枝條是長出結果枝的源頭，稱為結果母枝。

奇異果的花

夏　冬

IV. 混合芽 B

西印度櫻桃、無花果、奇異果、草莓番石榴、石榴、百香果、斐濟果、葡萄、黑莓

前一年長出的枝條葉腋處會冒出混合芽、長出新梢後開花結果。

前一年的枝條前端長出花芽。其中有些花芽會長在側面。花芽中也含有會長成枝條的葉芽，在開花的同時枝條也會生長。

梨子的花

夏　冬

V. 混合芽 C

蘋果、梨子、西洋梨

在從第 2 年的枝條葉腋處長出的短果枝上形成花芽，開花結果。

LESSON 14 促進結果的方法

果樹中有很多種類無法憑藉自身花粉結成果實（自花不結實），所以需要混合栽植不同品種才能促進結果。

此外，摘蕾和疏果也是有助於結果的重要作業。

單株就能結果的果樹和需要授粉樹的果樹

單株就能結果的果樹	葡萄、栗子、無花果、油桃、西洋梨、加州梅、毛櫻桃、梅子、黑梅、覆盆莓、溫州柑橘、檸檬、金柑、萊姆、黃桃、桃子（白桃以外的品種）、蘋果（阿爾卑斯少女）等等	葡萄
單株難以結成果實，需要其他品種或雄花花粉的果樹	藍莓、斐濟果、日本梨、李子、桃子（白桃）、栗子、蘋果、梅子（豐後、南高、白加賀等）、黃桃（佐藤錦、高砂等）、奇異果（需要雄花的花粉）等等	 藍莓

雄株和雌株為不同株的種類

奇異果

奇異果為雌雄異株，所以需要授粉用的雄性品種。混合栽種雄、雌品種，才能確實結果。

單株難以結果的類型

斐濟果

斐濟果大多無法靠單一品種結果，需要同時栽種2種品種以上才能促進果實的生成。

透過人工授粉可促進結果

果樹中有像無花果或葡萄這種，單棵就能結出果實的種類；也有像藍莓或李子這種，難以單棵結果的種類。雖然有雄蕊也有雌蕊，但還是無法靠單一品種的花粉結成果實的類型，就稱之為自花不結實。

像這樣的果樹，就必須進行人工授粉來確保果實的形成。另外，像是奇異果這種雌雄異株的情況，如果只種下雄樹也無法結果。在移植樹苗的同時，最好也一起移植授粉樹（混植）。

人工授粉的方法

難以經由風或昆蟲等自然授粉時，就必須進行人工授粉。尤其是盆栽栽培的情況

人工授粉的方法

梨子　用沾滿花粉的毛球或毛筆筆尖，輕輕刷在開花的雌蕊柱頭上。

梨子　直接用含花粉的花去摩擦其他花的柱頭。

斐濟果　用手指輕碰雄蕊，讓花粉沾在手指上。再用手指輕碰其他花，使其授粉。

Before

將2棵果樹傾斜混植

After

需要2株以上才能結成果實的種類

同時混合栽種兩項品種以上的藍莓，可以有效提升結實率。將兩棵果樹傾斜栽種，長大後看起來會像是同一棵果樹。

下，因為花量較少，所以最好採取人工授粉的方法。

人工授粉時，要先從授粉樹上摘下花蕾，或從花上取下雄蕊後鋪在白紙上，放置室內1～2天後，再進行花粉的採集。蒐集完花粉後，用毛筆或雞毛撢子幫果樹進行授粉。

家庭栽培時，可以直接摘下有花粉的花朵，用開花的雄蕊去摩擦雌蕊，或是用掏耳棒後的毛球或毛筆沾上花粉後，輕刷雌蕊柱頭，都能有效授粉。

花開後3天內是授粉的期限。選擇天氣好的早上進行人工授粉。

摘蕾、摘花、疏果，年年收成美味水果

想要結出很多果實，就得確實做好日常管理中的日照、排水、施肥等作業。除此之外，為了每年都能穩定收成，還需要對開花、結果等自然現象進行結實管理。

所謂的結實管理，除了人工授粉之外，還包含摘蕾、摘花、疏果、套袋（→P49）、激勃素處理等作業。

如果全部的花芽都開花、結果，反而造成果實過多，進而影響到隔年的開花結果，稱為「隔年結果」。為了避免這種現象，適度將花蕾摘除就叫做「摘蕾」。等到花開了之後再摘除的「摘花」，可避免過度消耗養分，有助於收成優質的果實。

「疏果」是摘除較小或形狀較差的果實，可以預防隔年結果的情形，並讓果實變得更美味。

阿爾卑斯少女的摘蕾

每1個蘋果的花房約會長出5朵花蕾。

基本上以1個花房1朵花為主，其餘切除。

為了保險起見，保留2個花房中間較大較早開的花。

阿爾卑斯少女的摘花

來不及摘蕾時，也可以靠摘花來補救。

花房中間的花較早開、花梗較長，保留1朵即可。

其餘皆摘除。

46

葡萄的摘穗

趁花蕾時期將花穗剪短，就能減少開花時期養分的消耗、抑制花房大小。

西洋梨的疏果

梨子的每個花房都會結出數顆果實，只要保留1顆，其餘摘除。

1
2
3

保留體型較大、形狀較好的1顆果實，其餘皆切除。

各自留下1顆果實後，就完成疏果作業。

柿子摘花

柿子的花會開一整串，必須盡早摘花。摘花作業要持續10~15天。

1
2
3

須將朝向正下方或正上方綻放的花摘除。

預估結果的狀態，摘除後約莫是15片葉子1朵花左右的比例。

葡萄的摘房

為了收成優質的果實，就必須對花房進行疏果，適當調整果實的間距。

花朵盛開前2周浸泡第1次，盛開後10天浸泡第2次，整個花房都要泡到。

替花房進行摘蕾作業，對果實的結成和形狀都有幫助。

按照說明書指示的倍數進行稀釋。

準備寶特瓶等裝激勃素水溶液的容器。

激勃素處理

想要種出無籽葡萄，就需要進行激勃素處理。將花房浸泡在稱為激勃素的荷爾蒙水溶液中，可以促進果實結成。在花朵盛開前2周浸泡一次激勃素水溶液，盛開10天後再浸泡一次，就能種出無籽葡萄。

4
3
2
1

LESSON 15 有效預防或治理病蟲害

因為是要端上桌吃的水果，還是盡可能少用農藥較好。要減少農藥的使用，就必須仔細觀察果樹，提早察覺病蟲害的滋生。了解病蟲害的種類和產生病蟲害的時期，便能盡早擬出對策。

防止病蟲害發生的第一步，就是整理好環境

栽培果樹時，就算再小心也無法完全避免病蟲害。不過要吃下肚的水果，還是盡量不使用到藥劑為此，必須打造出不易產生疾病及害蟲的環境。

日常管理作業中，最重要的就是維持良好的通風和日照。當枝條太過密集影響到日照或通風時，就要進行疏密、誘引來改善。如此一來，果樹就會產生對抗疾病的能力，減少產生病蟲害的機率。

除了小心不要讓果樹淋到雨外，還可以套上袋子或將果樹整體蓋上紗網，藉以防止害蟲入侵。

準備在柑橘上產卵的鳳蝶。

天牛等害蟲會啃食葉片或嫩莖。

受到病蟲害的葉子會逐漸枯萎。

梨樹樹葉上的赤星病。

不易遭受病蟲害的環境

1 日照、通風良好
在日照好通風佳的地方栽種。

2 充分做好雨天對策
盆栽要放在不會淋到雨的走廊等能遮蔽的地方，疾病比較不會蔓延。

3 正確澆水
澆水不能多也不能少。

4 保持乾淨
清除枯葉、枯枝、腐果，保持果樹四周的整潔。

48

覆蓋紗網防蟲

防止害蟲靠近，是驅除害蟲作業中很重要的一部分。用不會影響日照跟通風的紗網覆蓋住整棵果樹，就能有效防止害蟲侵襲。

枝條過於密集時就要進行修剪或誘引，樹形盡量保持簡潔，才能維持良好的通風。

用寒冷紗製成的紗網非常輕，可輕柔地包覆整棵果樹。

果實套袋防蟲

果實套袋除了可以防天牛等害蟲，減少藥劑的使用頻率外，還能夠促進果實著色。

用袋子套住果實，確實封緊袋口後打結。

油桃的幼果

如何處理病變葉子

不好好處理受到疾病入侵的枯枝枯葉、損傷腐敗的果實，就會成為病蟲害的溫床。務必將它們清除後放到袋子裡燒掉。

得到縮葉病的油桃葉。盡早摘除後放到袋子裡燒掉。

49

需盡早採取對應措施，避免損害擴大

要吃下肚的水果，還是希望可以不靠藥劑就驅除病蟲害。但是，不管再怎麼小心，想要完全沒有病蟲害是不可能的。如果損害已經產生，還是不得不使用藥劑。

最好的方法就是在病蟲害剛產生，還沒蔓延、擴大的初期就做出對應。此時施藥的效果較好，藥劑的使用量也比較少。

藥劑分成防止黴菌、細菌等疾病產生的殺菌劑，以及對付昆蟲的殺蟲劑。另外還有專治蟎的殺蟎劑。不能使用在別的用途上。因為蟎很快就會產生抗藥性，所以如果不交替使用數種殺蟎劑，效果就會大打折扣。

選擇使用的藥劑前，必須先分清楚使用目的是對抗疾病還是害蟲。不同果樹適用的藥劑也會有所不同。

因為是要食用的水果，所以法律上禁止使用未登錄、沒有具體標示出害蟲或疾病的農藥。購買前務必仔細確認是否適用於現正栽培的果樹，而且就算是家庭果樹，也必須確實遵照使用時期、噴散次數等使用方法做為使用時的參考。

藥劑最好在無風的早晨使用。在高溫的白天噴藥可能會對人體產生藥害，應盡量避免。

各式藥劑

殺菌劑

依照病蟲害及果樹種類的不同，藥劑種類也形形色色。先了解藥劑的特性，才能對症下藥挑選出最有效的產品。不得不使用農藥的時候，可以用葉面散布劑取代同樣功能的展著劑，能夠提升效果。

殺蟲劑

展著劑

稀釋培液的方法

乳劑和可濕性粉劑等需要用水稀釋的藥劑，如果只靠目測的話容易造成偏差，導致沒有效果或產生藥害。必須仔細閱讀說明書，用量杯和滴管準確測量。

① 準備好藥劑、量杯、滴管、漏斗、空瓶子等。

② 在量杯內倒入準確份量的水，用滴管將需要的藥劑量滴入後，充分攪拌。

噴灑藥劑時的用具

防水衣物（雨衣）
帽子
手套
口罩
護目鏡

噴灑藥劑時，要帶口罩、護目鏡、手套、帽子，穿長袖長褲，盡量不要露出肌膚，避免觸碰到藥劑。

對抗疾病從預防開始。最有效的方式，就是預先噴灑殺菌劑在可能會產生疾病的地方。

在果樹葉片上全面噴灑細霧狀的藥劑，增強效果。

由於害蟲很常潛藏在葉片背後，對著葉片背後確實噴灑。朝上，需將噴口

躲在梨葉後的蚜蟲

STEP UP 栽培知識

是否該避免在下雨前噴灑藥劑？

雨水帶來的病原菌，會在雨水落下後旋即擴散至果樹全體。雖然常聽人家說不要在下雨前噴灑農藥，但其實不然。如果灑完藥立刻就下雨的話，的確會將好不容易灑好的藥劑都沖走，但其實噴灑的藥劑只要間隔3小時左右，就會完全滲透到植物體內，所以下點雨反而更具效果。

⑤ 用漏斗將稀釋好的溶液換到瓶子裡。不要在灑藥器裡直接混合藥劑和水，容易造成阻塞。

④ 最後用竹棒充分攪拌。

③ 再滴入展著劑。

51

LESSON 16 容易滋生的病蟲害

即使是同一種病菌，也有可能因為果樹種類的不同，而有不同的病名。要確實掌握生病的原因，才能對症下藥。

主要的疾病

露菌病
- 需要注意的果樹：葡萄
- 滋生時期：梅雨時期、秋雨時期
- 症狀：樹葉背後出現白色黴狀物，擴散到果實後造成落果。
- 對策：透過修剪增加通風和日照。在根部附近鋪上稻草，避免細菌藉由土壤傳染。

炭疽病
- 需要注意的果樹：柿子、無花果、梅子、黃桃等
- 滋生時期：5～10月
- 症狀：枝幹和果實上長出黑色圓型的病斑。
- 對策：改善通風和日照，避免在潮濕環境下過度密集的栽培。去除患部。

煤病
- 需要注意的果樹：柑橘類等常綠果樹
- 滋生時期：全年
- 症狀：從介殼蟲等蟲類的糞便中產生的雜菌，像塗上炭一樣染黑樹葉和枝幹。
- 對策：放置不管的話會不斷擴散，必須去除病葉，並實行蚜蟲和介殼蟲的驅除作業。

縮葉病
- 需要注意的果樹：梅子、桃子等
- 滋生時期：4～5月
- 症狀：若春天持續出現低溫，樹葉就會肥腫、萎縮，然後腐壞、脫落。
- 對策：增加通風。切除患部。葉子快長出來時先灑藥預防。

赤星病
- 需要注意的果樹：梨子、蘋果等
- 滋生時期：4～6月
- 症狀：葉子上出現病斑，造成落葉
- 對策：盡早去除病葉。進行整枝修剪，改善通風狀況。避免在果樹周遭種植會成為感染源的柏樹。

其他疾病

落葉病
主要發生在柿子樹。葉面上出現圓形病斑，周遭呈紫黑色，中間為紅褐色。適當的施肥，有助於維持果樹的生長。

枝枯病
多發生在無花果、柿子、栗子等果樹上。幼枝局部冒出黃色斑點後，漸漸擴散到果樹整體。從病斑處開始，前端的樹枝都會枯死。需進行修剪改善通風和日照狀況。

潰瘍病
- 需要注意的果樹：梅子、柑橘類、奇異果等
- 滋生時期：2～10月
- 症狀：柑橘類樹葉上長出淡黃色斑點，果實上出現木栓狀的淡黃色斑點。
- 對策：清除病葉及落葉。驅逐潰瘍病感染源的潛葉蛾。

晚腐病
- 需要注意的果樹：葡萄
- 滋生時期：5～7月
- 症狀：主要發生在成熟的果實上，造成果實腐爛。
- 對策：替果實套袋避免淋到雨。一發現染病的果實就摘除。確實做好通風、採光，避免環境潮濕。

黑星病
- 需要注意的果樹：蘋果、梅子、杏桃、梨子、桃子等
- 滋生時期：5月～梅雨時期
- 症狀：葉片和果實上出現黑色斑點，果皮漸漸木栓化，形成畸形果實。
- 對策：加強日照通風度。適當施肥。

褐腐病
- 需要注意的果樹：黃桃、李子、桃子、蘋果等
- 滋生時期：開花期～收成期
- 症狀：多雨時易染病。開花時期造成花朵枯萎，收成時期造成果實上產生斑點。
- 對策：果實套袋。摘除染病的果實。

主要的害蟲

幼蟲類
- 需要注意的果樹：梅子、杏桃、柿子、栗子、石榴、枇杷、梨子、蘋果、藍莓等
- 滋生時期：8～10月
- 症狀：蝴蝶或蛾等的幼蟲，潛藏在葉背等地方啃食樹葉。
- 對策：幼蟲可能有毒，所以不要徒手捕抓，可以用樹枝等工具將其清除。

潛葉蛾類
- 需要注意的果樹：柑橘類、桃子、蘋果等
- 滋生時期：5～9月
- 症狀：潛葉蛾的幼蟲會潛藏在葉肉內，被啃食過的地方會出現白色痕跡。數量多的話造成葉片脫落。
- 對策：發現啃食過的白色痕跡後，找出蟲的位置並撲殺。

蟎（葉蟎）
- 需要注意的果樹：柑橘類、蘋果、梨子等
- 滋生時期：7～9月
- 症狀：寄生在樹葉背面吸食樹汁。被寄生的葉片會呈灰白色後脫落。
- 對策：用強力的水壓將其沖走。仔細觀察葉背，不要遺漏。

椿象類
- 需要注意的果樹：柿子、梨子、桃子、蘋果、葡萄等
- 滋生時期：7月下旬～9月
- 症狀：吸食果實汁液，造成落果
- 對策：果實套袋。一發現立即捕殺。勤加整理雜草和落葉，不要演變成成蟲過冬的場所。

蚜蟲類
- 需要注意的果樹：大部分果樹
- 滋生時期：4～6月
- 症狀：大量聚集在樹葉或樹枝上吸取樹液。阻礙樹葉和幼枝的生長。是造成媒病的原因之一。
- 對策：用牙刷輕刷，或用水將其沖走。清除受到危害的部位。

52

其他害蟲

簑衣蟲

柿子、梅子、柑橘類等果樹上常可看見其蹤跡。尤其是簑衣蟲的幼蟲，會對樹葉造成食害。冬天時如果看到垂吊下來的簑衣蟲，就要將其清除。

捲葉蟲

常見於柑橘類、梅子、蘋果等果樹上。幼蟲會製造出白色細線，將葉子捲起來後躲藏在其中啃食樹葉或花蕾。冬天如果看到用葉子將自己捲起來的幼蟲，就直接從葉面上將其壓死。

主要的害蟲

介殼蟲類
- 需要注意的果樹：大部分果樹
- 滋生時期：全年皆有，但以春季最為嚴重
- 症狀：出現葉片泛黃、提早落葉等現象，嚴重者枯萎死亡。
- 對策用牙刷將其刷落，或在主枝及亞主枝上綁麻布，捕獲害蟲後將其燒毀（誘殺法）。

天牛
- 需要注意的果樹：無花果、柑橘類、枇杷、葡萄等
- 滋生時期：7～8月
- 症狀：幼蟲會躲在樹幹或樹枝內部進行啃食，會造成果枝枯萎。
- 對策：受到啃食的部位表示有幼蟲在裡面，找出所在位置並捕殺。

金龜子
- 需要注意的果樹：柑橘類、油桃等
- 滋生時期：成蟲5～9月，幼蟲6～9月
- 症狀：飛到果樹上的成蟲會吃花瓣、花蕾或樹葉。幼蟲會棲息在土壤中，啃食樹苗的根，導致果樹枯死。
- 對策：一發現成蟲立即捕殺。

鳳蝶
- 需要注意的果樹：大部分果樹
- 滋生時期：8～9月
- 症狀：幼蟲會食害樹葉。柑橘樹中的鳳蝶、蘋果樹中的美國白蛾等，種類很多。
- 對策：一發現立即清除。有些品種有毒，要小心注意。

果樹的病蟲害對策　主要病害

樹種	主要病害	有效藥劑
蜜棗	白粉病	克熱淨可濕性粉劑、邁克尼可濕性粉劑等
	炭疽病	克收欣水分散性粒劑等
梅子	黑星病	易胺座可濕性粉劑、比多農可濕性粉劑
	白粉病	邁克尼可溼性粉劑
楊桃	煤病	（果實套袋效果最佳）
	炭疽病	克收欣水分散性粒劑等
柿子	白粉病	貝芬替可濕性粉劑等
	炭疽病	克收欣水分散性粒劑等
柑橘類	潰瘍病	氧化亞銅可溼性粉劑
	黑點病	（最好的對策就是去除枯枝）
奇異果	白粉病	免賴得可濕性粉劑
荔枝	露疫病	鋅錳克絕可濕性粉劑
	炭疽病	克收欣水分散性粒劑
李子	囊果病	邁克尼可濕性粉劑
梨子	黑斑病	撲滅寧可濕性粉劑
	黑星病	免賴得可濕性粉劑、快得寧可濕性粉劑等
	赤星病	冬季時噴灑石灰硫磺合劑、比多農可濕性粉劑
枇杷	灰斑病	克熱淨殺菌劑
葡萄	露菌病	銅右滅達樂可濕性粉劑
	黑痘病	易胺座可濕性粉劑
	晚腐病	甲基多保淨殺菌劑
桃子	穿孔病	鏈土黴素可濕性粉劑
	炭疽病	鏈土黴素可濕性粉劑等
	黑星病	賽福座可濕性粉劑等
蘋果	黑星病	免賴得可濕性粉劑、邁克尼可濕性粉劑等
	炭疽病	甲基多保淨可濕性粉劑
	白粉病	免賴得可濕性粉劑、賽福座可濕性粉劑 等

主要的害蟲

樹種	主要的害蟲	有效藥劑
蜜棗	蚜蟲類	賽洛寧殺蟲劑
	粉介殼蟲	陶斯松殺蟲劑
	葉蟎類	各式殺蟎劑
無花果	粉蝨類	賽扶益達胺
	葉蟎類	各式殺蟎劑
梅子	梅樹桑擬輪盾介殼蟲	丁基加保扶殺蟲劑
	蚜蟲類	賽洛寧殺蟲劑
楊桃	粉介殼蟲	陶斯松殺蟲劑
	薊馬類	陶斯松殺蟲劑
	葉蟎類	各種殺蟎劑
柿子	薊馬類	可尼丁殺蟲劑
	臀紋粉介殼蟲	百利普芬殺蟲劑
柑橘類	小黃薊馬	丁基加保扶殺蟲劑
	葉蟎	各式殺蟎劑
奇異果	蝠蛾幼蟲	用浸泡過撲滅松乳劑原液的棉花堵住幼蟲的出入口
荔枝	銹蟎	可濕性硫磺可濕性粉劑
	細蛾（蒂蛀蟲）	加保利可濕性粉劑
	軟介殼蟲	蟲害發生後噴灑礦物油乳劑
李子	蚜蟲類	賽洛寧殺蟲劑
	薊馬類	賜派滅殺蟲劑
	刺蛾類	賜若特殺蟲劑
梨子	東方果蛾	陶斯松殺蟲劑
	蚜蟲類	陶滅蝨殺蟲劑
	梨桑擬輪盾介殼蟲	加保扶殺蟲劑
	二點葉蟎	芬佈賜殺蟎劑
枇杷	小白紋毒蛾	賽洛寧殺蟲劑
	蚜蟲類	賽洛寧殺蟲劑
	薊馬類	賽洛寧殺蟲劑
葡萄	薊馬類	達特南 殺蟲劑
	黃毒蛾	硫敵克殺蟲劑
	咖啡木蠹蛾	賽洛寧殺蟲劑
桃子	蚜蟲類	賽洛寧殺蟲劑
	桃蚜	畢芬寧殺蟲劑
	東方果蛾	陶斯松殺蟲劑
	桃樹桑擬輪盾介殼蟲	休眠時期噴灑一次礦物油乳劑
	葉蟎	各式殺蟎劑
蘋果	捲葉蛾類	陶斯松殺蟲劑
	夜葉蛾	賽洛寧殺蟲劑
	蚜蟲類	賽洛寧殺蟲劑
	葉蟎類	各式殺蟎劑

落葉果樹

隨著秋季來臨，氣溫跟地溫也會逐漸下降，必須開始著手替大部分的果樹做好過冬的準備。首先，就先從落葉果樹開始吧！果樹體內要囤積充足的營養，才能安然度過漫長的冬天。樹葉會在冬季來臨前掉光的果樹，叫做落葉果樹。蘋果、櫻桃、西洋梨等果樹，適合種在年平均氣溫 8～12℃的寒冷地區；11～16℃的地區則有柿子、日本梨、葡萄、桃子、李子等溫帶果樹。

梅子

[薔薇科櫻屬　亞洲東部原產]

1 移植

① 拆除包裹住樹根的外層素材。如果樹根出現乾涸狀態，先浸泡在裝滿水的水桶中3小時以上後，再進行移植作業。

外層素材

仔細剝落包裹住苗木根的泥炭土、苔蘚、泥土等

10～12月份是最適合移植的時期。雖然說要配合苗木大小、根的生長狀況挑選盆器，但如果嫁接位置約5cm上方處的樹幹直徑已達1.5cm以上，且樹根茂密又長的話，建議一開始就移植到直徑30cm的10號盆中。

② 移植盆器的深度與根部需切除的位置。將果樹根放在盆器側面比對，確認過後再開始作業。

梅樹成長的速度快，容易出現徒長枝。樹冠內部的日照差，短枝枯萎，隔年的收量就會不好。必須在修剪時確保樹冠內能完整曬到太陽，尤其是放置在濕氣高的陰暗場所時，特別容易產生徒長枝且不易萌發花芽，需要特別注意。

此外，梅樹如果放著不管就會長成巨木，修整時必須打造成Y字的簡潔樹形（→P58）

梅樹的開花時間比桃樹早，如果2～3月下旬連續幾天溫度皆在10℃以上，花朵就會盛開。但必須要注意，如果開花後溫度降到-3℃以下，果樹受到冷害就會劇烈影響收成。所以在這段時期，必須謹慎注意氣溫，仔細考量放置盆栽的地點。

梅樹難以靠單一品種的花粉授精，可以選擇和其他品種混植，或是栽種自花結實性較佳的小果梅品種。

樹高　冬季狀態　耐寒性　耐暑性
高　　落葉　　　強　　　強

結果習性　自花結實性　葉果比
花芽B　　需授粉樹　　10葉

● 梅樹的管理・作業行程表

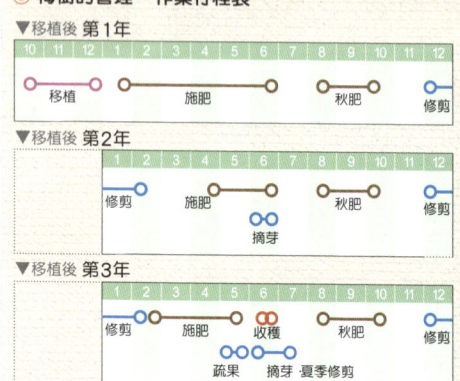

▼移植後 第1年
移植　　施肥　　秋肥　　修剪

▼移植後 第2年
修剪　　施肥　　秋肥　　修剪
　　　　　摘芽

▼移植後 第3年
修剪　施肥　收穫　秋肥　修剪
　　　　疏果 摘芽 夏季修剪

栽培重點

❶ 移植要在10～12月完成
❷ 包含授粉樹在內，混植3種品種以上
❸ 修剪時要多保留短果枝

支柱

⑧ 一定要立支柱，才能避免風吹倒樹苗等情況發生。而且在立支柱時，還能讓樹根和土壤更緊密貼合，促進樹根生長。

用束帶將樹幹和支柱綁在一起。

⑨ 最後，大量澆水到水從盆器底部流出來為止。

POINT!
如果出現明顯的凹陷處，就表示步驟⑥做得不夠平均，樹根間沒有確實填滿培養土。必須補足充分的土壤，這點非常重要。

⑥ 為了讓土壤跟樹根間緊密貼合，將手指插入盆底，挖動土壤填滿樹根間的空隙。

⑦ 樹苗截短至50cm左右，有助於生長出強健的新梢。

在切口迅速塗上白膠等木工用接著劑，不但可以預防下雨以及病毒侵入，還能避免樹枝乾枯。

50cm

POINT!
單手固定樹苗，一邊調整位置，讓樹苗和地面呈垂直且位於盆器中心，一邊倒入用土。

③ 用銳利的園藝剪將樹根剪至齊長。如果剪刀的刀刃生鏽或受損，樹根前端的切口就會參差不齊，造成難以成長或發育不良的問題。

務必拆除嫁接膠帶

After

④ 和移植前的樹根相比，外觀看起來明顯較精簡。不需要擔心修剪樹根會影響到往後的生長。

⑤ 倒入培養土至盆器1/3處後，將修整過的苗木放到盆器正中央，蓋上土壤到稍微蓋過最上層樹根的位置。

57

2 夏季修剪

移植完1年半後的春～夏

每根主枝上各留下3枝生長狀態良好的新梢。

切除長出來的多餘新梢。

夏季修剪的主要工作，在於疏密過於密集的枝條，改善樹冠內部的日照通風環境。此外，收成完到7月中旬這段期間，新梢容易出現徒長情形，可以進行摘芯延緩生長速度，還能藉此讓枝條長得更旺盛、促進側枝的生成。

各主枝上留下生長狀況良好的3枝新梢。其餘則做切除。

移植後第1年的春～夏

移植後約半年，新梢就會開始生長，比較長的還會長到80cm左右。在這個階段要疏密不需要的枝條、截短新梢前端，並修整果樹骨架以確保樹形精簡。

Before

1 正常的生長情形下，很多新梢會旺盛地伸長。仔細觀察果樹全體，決定哪邊要當果樹的正面。

3 保留下來的3枝新梢前端做摘芯，可促進枝條成長。

2 疏密不需要的枝條。打造樹形需要用到3根主枝，選擇從正上方往下看時，粗細一致、長短相當的新梢。其餘則從根部切除。

4 修剪後的模樣。新梢間的角度要平均，不要太寬也不要太窄。如果3根樹枝間無法達到平衡，就用支柱強行誘引，改善平衡。

POINT! 細柔的枝條保留到落葉期，確保能夠充分進行光合作用的葉數。

Y字型的精簡樹形

After

移植後第4年的夏天

1 枝數過於密集，陽光就無法照進樹冠內部，通風情況也會變差。交叉的枝條會妨礙彼此生長。

2 疏密剪可以避免枝條阻礙彼此生長，還能改善日照和通風。

3 冬季修剪

11月中旬過後，地溫就會持續低於15度。隨著氣溫下降，梅樹也會開始進入休眠期。從這個時候到隔年的1月底之間，一定要進行冬季修剪，整理夏季修剪時留下的枝條或枯枝。

移植後第2年的冬天

將各主枝上長得最好的枝條截短，稍微多剪一點。

和前一年冬天一樣，縮短伸長的新梢前端，促進短果枝的生成。

移植後第1年的冬天

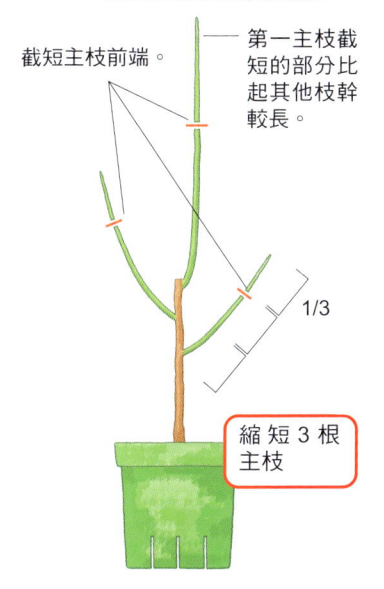

截短主枝前端。

第一主枝截短的部分比起其他枝幹較長。

1/3

縮短3根主枝

移植後第4年的春天

觀察枝條的生長狀態，評估持續伸長到隔年春天萌芽時，會不會阻礙到其他枝條的生長，如果會的話就做適當修整。向樹冠內側生長的內向枝也要切除。此外，若夏季修剪後還是有徒長跡象的枝條，就要從前端的1/3處截短。

看起來清爽許多，這樣一來就能迎接春天了。休眠時期很重要的一件事，就是噴灑石灰硫磺合劑，不僅可以預防春天後的疾病，還能對付正在等待冬天過去的幼蟲和蟲卵。

❶

❷

After

結成果實的方法

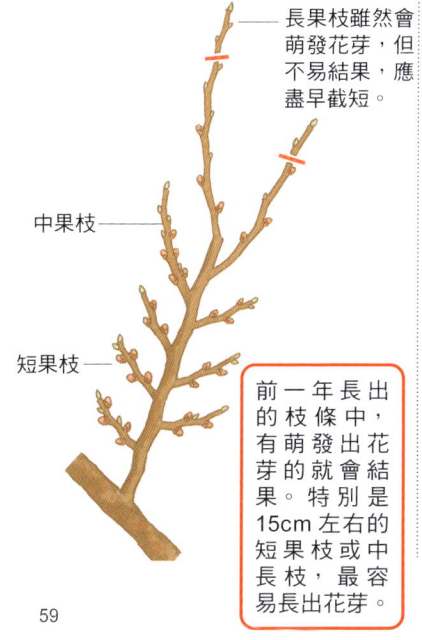

長果枝雖然會萌發花芽，但不易結果，應盡早截短。

中果枝

短果枝

前一年長出的枝條中，有萌發出花芽的就會結果。特別是15cm左右的短果枝或中長枝，最容易長出花芽。

59

｛ 推薦的品種 —— 梅子 ｝

八郎梅
自花結實性佳，自然落果的情形少，所以收穫量穩定。大小中等，可以做出果肉柔軟的高品質梅干。耐寒性強。

龍峽小梅
花粉多，自花結實性強、收成量多。果實很小，即使經過加工依然能保持脆硬的口感，很適合用來製作爽脆的醃梅子。

花香實梅
花粉多，需授粉樹。花朵為美麗的粉紅色八重花瓣，在庭院樹中的人氣很高。果實中等偏大，適合做成梅干。

南高梅
雖然花粉多，但自花結實性低，需種植授粉樹。自然落果的情況少，收成量多。適合做成梅干或梅酒。不耐寒，需有抗寒對策。

翠香梅
果實大顆，適合加工成梅酒或梅子汁等飲料。尤其是熟透的果實，可以做出品質優良的成品。獨特的芳香氣味是其特徵。

豐後梅
耐寒性強，易栽培。花粉多但自花結實性低，需授粉樹。果大肉厚，最適合製作成梅干。

4 收穫

6月中～下旬為收穫期。可以用手直接採收。果皮青綠部分漸少，微微帶黃的時期最適合做梅干，但如果要泡梅酒的話，就要趁青綠時期採收。

STEP UP 好康情報

美麗的露茜梅果汁

露茜梅成熟時，果皮跟果肉會呈現腮紅般鮮艷欲滴的紅色，打成果汁後還會變成漂亮的粉紅色。

做法：①將梅果泡水一晚去除澀味，擦除水氣。②用竹籤在梅果上穿洞，瓶罐中依序倒入砂糖→梅果→砂糖→梅果。③等砂糖全部溶解後，留下清澈的果汁封瓶保存起來。

毛櫻桃

[薔薇科櫻數 日本原產]

樹高	冬季狀態	耐寒性	耐暑性
低	落葉	強	強

結果習性	自花結實性	葉果比
花芽B	具結實性	沒有影響

● 毛櫻桃的管理・作業行程表

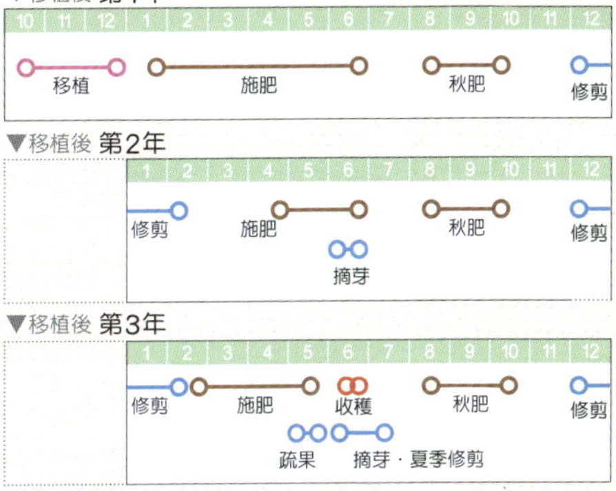

▼移植後 第1年

| 10 | 11 | 12 | 1 | 2 | 3 | 4 | 5 | 6 | 7 | 8 | 9 | 10 | 11 | 12 |
移植　　施肥　　秋肥　　修剪

▼移植後 第2年

修剪　施肥　摘芽　秋肥　修剪

▼移植後 第3年

修剪　施肥　收種　秋肥　修剪
疏果　摘芽・夏季修剪

1 修整剪枝

如果不做修剪，任其自由生長的話，樹冠內的短枝就會阻礙到日照，導致只有樹冠外圍開花結果。

替2～3根主枝整枝修剪，減少前端短枝，改善樹冠內的日照和通風。切除老化長枝和衰弱的枝條。只要進行大略修整，讓樹形不要太雜亂即可。

After

和梅子、杏桃、桃子一樣，屬於薔薇科的落葉樹，同時具有耐寒耐暑性，但潮濕和日照不足都會造成發育不良。自花可以授粉，花朵會茂密盛開在前一年長出的長枝和短枝上。

4月中旬開花，6月下旬就收成，開花到收成的時間很短，是屬於短期抗戰的果樹。該年如果結出很多果實，隔年就會無法結果。

白果的品種。果實稍大於紅果，但跟紅果比起來，結果性較差。

栽培重點

❶ 在來品種雖然耐暑熱，但因為根扎得較淺，必須注意乾燥問題。

❷ 枝條如果過於密集，就要進行疏密剪。

61

櫻桃

[薔薇科櫻屬 南亞高加索地區原產]

樹高	冬季狀態	耐寒性	耐暑性
高	落葉	強	中

結果習性	自花結實性	葉果比
花芽B	因系統而異	沒有影響

● 櫻桃的管理・作業行程表

▼移植後 第1年

10	11	12	1	2	3	4	5	6	7	8	9	10	11	12
移植					移植	施肥				秋肥				修剪

▼移植後 第2年

1	2	3	4	5	6	7	8	9	10	11	12
修剪		施肥			夏季修剪		秋肥				修剪

▼移植後 第3年

1	2	3	4	5	6	7	8	9	10	11	12
修剪		施肥		收種			秋肥				修剪
			授粉	夏季修剪							

1 移植

❶ 生長狀況良好的一年嫁接樹苗。拆掉外包裝，以及清理包裹樹根的泥炭土、苔癬、土壤等。

將泥炭土、苔癬、土壤剝除乾淨

10月下旬～12月上旬，或是2月下旬～4月上旬是最適合移植的時期。一開始就先移植到直徑30cm的10號盆中。移植時埋深一點，土壤稍微蓋過嫁接處，避免嫁接處過於乾燥。

POINT! 為了讓樹根埋得較深，嫁接處大約會位於盆器口附近。

❷ 配合樹根挑選移植的盆器，確認移植的深度和樹根切除的位置。

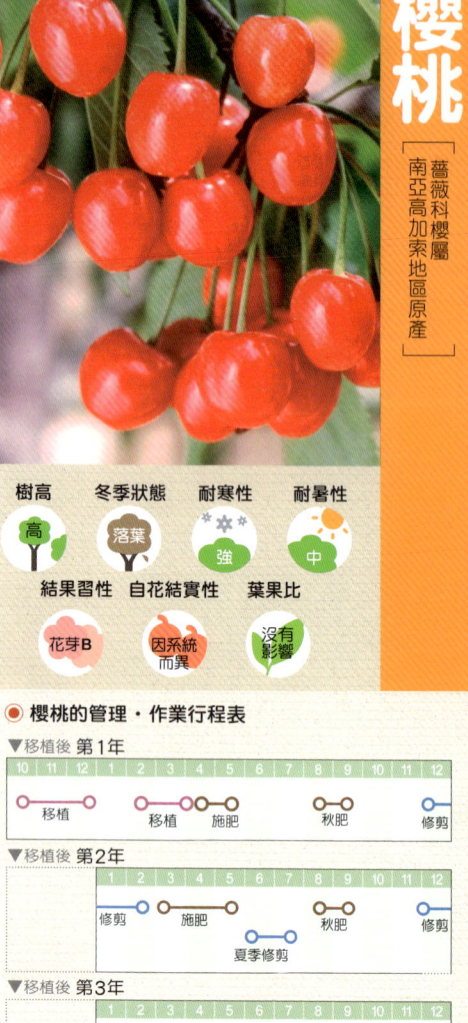

櫻桃的耐寒程度雖然比蘋果差，但還是偏好寒冷的環境。一般而言，溫暖地區不適合種植櫻桃樹，因為很難開出茂盛的花朵。

但是，只要做好防高溫措施、避免水分不足、徹底驅除害蟲，並確實修整管理，防果樹在自然落葉期就掉葉，還是能開出茂盛的花朵、結成果實。此外，也有像是「斯坦勒」、「暖地櫻桃」等可以自花結實，只要種一棵就可以結果，不需要授粉的品種。

因為果實的成熟期剛好和多雨的梅雨季重疊，所以要小心果皮直接吸收水分，急速膨大，出現果皮破裂的情形。因應對策是盡量避免在收成前淋到雨，下雨時要將盆栽搬到可以躲雨的地方。

栽培重點

❶ 盡可能在10～12月或2～4月完成移植

❷ 包含授粉樹在內，最好能混合栽種3種品種以上（在來品種的情況下）

❸ 修剪時多保留短果枝

支柱

③ 整理樹根的長度。將所有徒長的樹根切齊至 10cm 左右，讓樹根平均分布在盆器中。

拆除嫁接處的膠帶

⑤ 兩手手指朝正下方插入土壤中，盡可能靠近盆器底部，確認土壤與樹根是否緊密貼合。如果樹根間仍有空隙，就用手指撥動土壤填滿。

⑦ 在樹幹上立支柱，避免樹苗搖晃不穩，難以扎根。

用束帶捆綁做誘引

④ 用土倒入盆器 1/3 高度位置，將樹根平放上去後，再添加剩餘土壤。

⑧ 大量澆水後就完成移植作業了。

POINT!
試著彎看看樹苗前端，從無法彎曲的地方稍微往前一點點，就是進行縮短修剪的位置。

⑥ 土面上的樹幹從 50cm 左右的地方切短。

50cm

木工用接著劑

樹幹的切口塗上白膠等木工用接著劑，可以預防乾燥或雨水帶來的病菌。

63

2 夏季修剪

櫻桃的生長能力很強，放著不管會長得很高大。透過夏季修剪來控制新梢的生長狀況，打造能夠盡早結出花芽的精簡樹形。

促進花芽萌發的夏季修剪

花芽

6～7月中旬左右時，疏密新梢上的樹葉，留下5片左右。

花芽

強健的樹枝上會長出短果枝，每年會增加些微長度，持續開花、結果。

葉芽

移植後第1年的夏天

① 夏季修剪的主要工作是摘芯，從側枝第15片樹葉左右的地方摘除。

② 向左右伸長的側枝，留下5片樹葉左右的長度後截短。

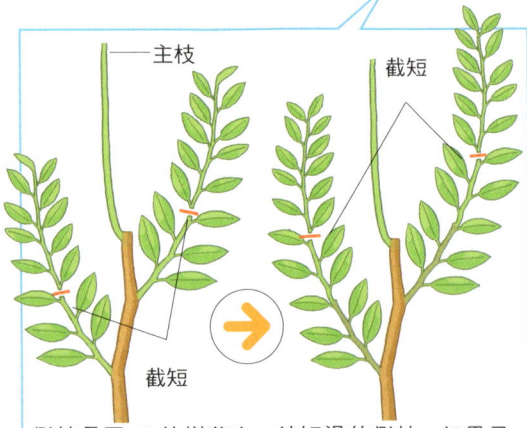

Y字型

After

3 冬季修剪

櫻桃樹上會長出很多樹枝，所以要適當地抑制其高度。每年替過密的樹枝做疏密，確保陽光可以照入樹冠中。

移植第2年以後的冬天

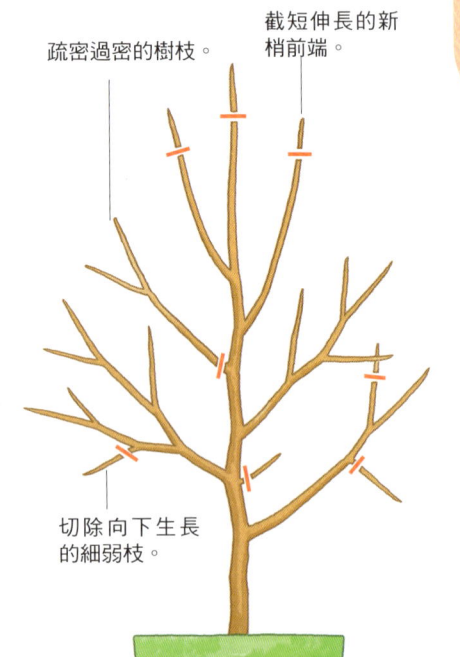

疏密過密的樹枝。

截短伸長的新梢前端。

切除向下生長的細弱枝。

主枝

截短

截短

側枝長至15片樹葉左右的長度後，就要縮短剪至5片樹葉。

縮短過的側枝，如果又長到15片樹葉的長度，從上次截短處算起，再截短至5片樹葉處。

64

推薦的品種 — 櫻桃

斯坦勒
原產於義大利，世界上很多地方都有栽種。具自花結實性，也很適合當作授粉樹。甜份高、著色快，屬於早生品種。

暖地櫻桃
雖然和一般櫻桃屬於不同的種類，但生長狀況好又不易生病，很適合家庭栽培。具自花結實性所以不需要授粉樹。在溫暖的地區也能夠栽種。

佐藤錦
外觀和味道的品質都很好。結實性較低，需要授粉樹。必須加強整枝提升日照度。

藉誘引管理樹形

上方樹枝頂端冒出來的芽，會比下方的側芽更加強壯，這就是所謂的「頂芽優勢」。如果不去管它，上方新梢就會不斷伸長，因此必須縮短或疏密，才能維持樹形精簡。替樹枝做誘引可以延緩樹枝的生長趨勢，而且不需要切斷枝條就能進行。

❶ 一邊觀察樹枝的生長速度和方向，一邊思考要如何加強日照和通風。

誘引

從此處長出來的新梢，之後會變成結果母枝。

支柱

After

❷ 立支柱做誘引，可以抑制樹枝前端的生長趨勢，有助於側芽的萌發。

---

4 收穫

開花後40～50天就可以收成。從顏色飽滿的果實開始採收。

從櫻桃梗的地方小心地用手指摘，才不會傷到短果長枝。

著隔年花芽的短果長枝事先蓋上紗網可以防止果實被鳥類啄食。

桃子・油桃

[薔薇科櫻屬 中國東北原產]

樹高：中
冬季狀態：落葉
耐寒性：強
耐暑性：強
結果習性：花芽B
自花結實性：因系統而異
葉果比：40葉

桃子・油桃的管理・作業行程表

▼移植後 第1年
移植 — 施肥 — 秋肥 — 修剪

▼移植後 第2年
修剪 — 施肥 — 秋肥 — 修剪
摘芯・誘引

▼移植後 第3年
修剪 — 施肥 — 秋肥 — 修剪
疏果・套袋 — 收穫
摘蕾・授粉　摘芯・誘引

栽培重點

▶桃子
❶ 白桃品種需要授粉樹、白鳳桃不需要
❷ 小心不要過度摘芯

▶油桃
和桃子相比，油桃更需要涼爽的種植地。

1 移植

從11月上旬到隔年2月下旬，扣掉嚴寒時期，是最適合移植的時間。先移植到直徑24cm的8號盆器中，過2年後再換盆到30cm的10號盆中（也可以一開始就用10號盆）。因討厭過於潮濕的環境，需要多注意排水問題。

❶ 一年生的嫁接苗木。購買時要選擇根鬚茂密、節間短且多的樹苗尤佳。

❷ 在盆器的中間倒扣一個素燒盆，一方面可以維持盆器的透氣性和排水性，一方面能保護樹根不受夏季酷暑的侵擾。

素燒盆

❸ 移植後的土壤深度大約位在嫁接處左右。確認樹苗下方要切除的部分。

雖然一年生樹苗也會開很多花，但為了確保之後的結果狀態，定植後二年內的花朵要全數切除。

桃花因類型、品種的差異，分為有花粉和無花粉兩種。白鳳桃品種花粉較多，白桃品種則有很多沒有花粉。至於油桃則是幾乎所有品種都有花粉，不需要授粉，但如果進行授粉，結果率就會飛躍提升，果實的品質也會更好。和桃子比起來，油桃的耐寒性較強、耐暑性較低，適合種植在涼爽的地方。

修剪作業以疏密為主，摘芯則務必趁短枝時期進行。如果摘芯時的長度半長不短，枝條可能會從根部枯萎。

⑨
切除細枝前端乾枯的地方。

⑥
倒入培養土至盆器 8 分滿。取下樹幹上的嫁接膠帶。

嫁接膠帶

④
保留樹根的長度大約至盆器 2/3 高度，超過這個長度則切除。橫向生長的樹根，也要切得比盆器窄一點。圓圖中的照片，是配合盆器大小整理過的樹根。

⑩
沿著樹幹架支柱，再利用束帶固定好樹幹就完成了。

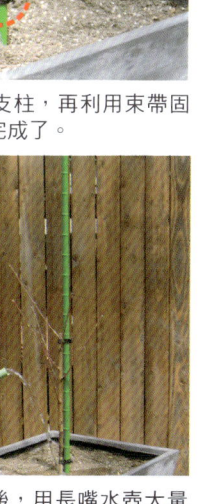

用束帶做誘引

園藝用束帶

支柱

⑦
倒完培養土後，將兩手手指張開插入土壤中，用土壤填滿樹根間的空隙。

⑤
倒入培養土至盆器約 1/3 處，將樹苗正放在盆器中央後，蓋上培養土。

鋪平培養土。

⑧
移植作業完成後，從嫁接處往上 30cm 的地方切短樹幹。

POINT!
從節間正上方平整切除，不要留空隙。

木工用接著劑

切口塗上白膠等木工用接著劑，預防乾燥、樹枝乾枯。

30cm

⑪
移植完成之後，用長嘴水壺大量澆水。

67

2 開花

趁花朵盛開時進行授粉作業，10〜15點是最容易產生花粉的時段。即便是具有自花結實性的果樹，也可透過人工授粉來提升果實的品質（移植後2年內的花朵悉數摘除）。

開花（移植後經過2年以上）

3 疏果

開花後1個月左右，結出來的果實大約長到拇指大小。這個時候要進行疏果，一方面能預防果實過度密集，一方面也有助於結出碩大果實。

第一年結果的果樹。每根結果枝上只保留1顆果實，挑選日照條件跟形狀、生長狀況最好的1顆，其餘皆摘除。結果第2年後的果樹，疏的比例大約是40片樹葉對1顆果實左右，仔細觀察葉果比例，選出形狀最完整的1顆，其餘皆切除。

❶
❷ 1根樹枝留1顆果實
After

4 套袋

摘完果後替剩下的果實套袋，可以驅除病蟲害並預防果實過度日曬。在園藝用品店可以輕鬆買到桃子專用的套袋，除了可以套過袋的果實，還能以減少病蟲害產生，培育出外觀皆美麗的白桃。

❶ 果實由下往上套袋，連同樹枝套進袋子後封緊袋口。
果實套袋

❷ 套袋完成。約2個月後拆除。

POINT!
沒有進行套袋的白桃，果皮會變成紅色。

STEP UP 栽培知識

產生裂果的原因並非病蟲害

有些果實儘管生長狀態正常、順利開花結果，果實還是會裂開。造成這種現象的主要原因，是樹根吸收的養分和水分在運輸過程中出現阻礙，導致果皮和果肉的發育平衡失調。為了避免這種情況發生，春天發芽後的澆水作業千萬不能怠慢。

裂果（裂核）的桃子

68

5 冬季修剪

桃樹的修剪通常在落葉期進行，必須特別注意摘芯（縮短）的位置。桃樹的枝條伸長，是為了讓新梢上能夠長出很多側枝。所以，如果過度修剪，只留下1根主枝的話，反而有可能會枯萎。桃樹的摘芯作業，只需將樹枝前端稍微截短，藉以促進隔年新梢生長，並維持簡潔樹形即可。

打造樹形的方法

移植時確實做好縮短修剪，切口附近就會長出數根健壯的新梢。在梅雨季節前按整體的平衡感選出3根主枝，其餘皆從根部切除。

① 落葉後，觀察3根主枝的平衡狀況。

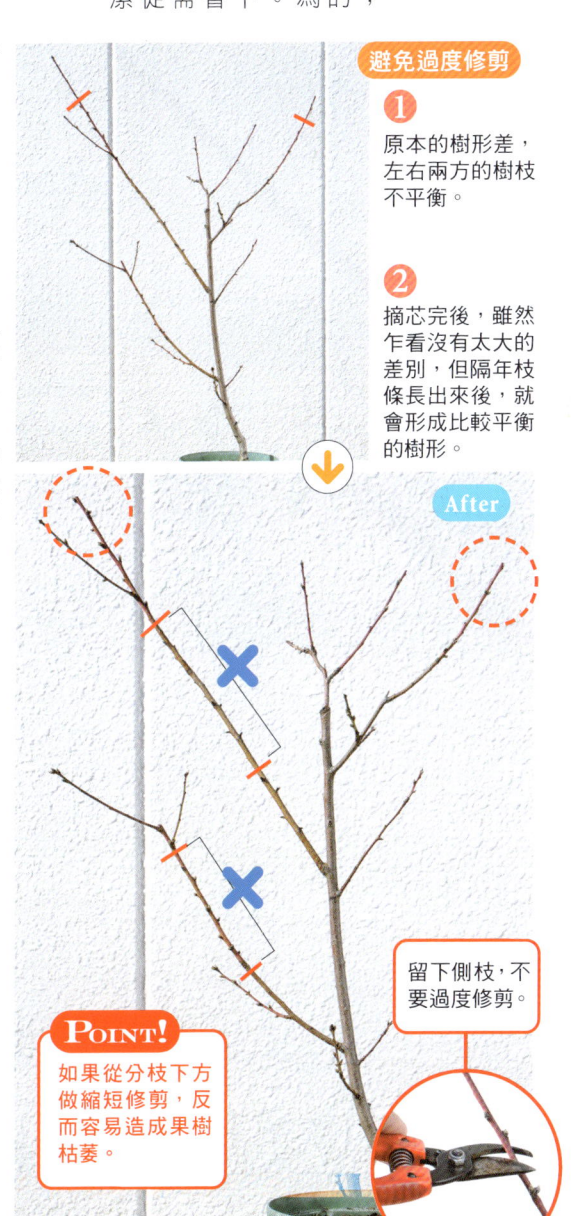

② 如果3根主枝失衡，必須架立支柱做誘引保持平衡。評估各主枝上側枝的成長動向，如果變長後會影響到果樹生長，就趁這個時期做摘芯修整。

支柱
After

避免過度修剪

① 原本的樹形差，左右兩方的樹枝不平衡。

② 摘芯完後，雖然乍看沒有太大的差別，但隔年枝條長出來後，就會形成比較平衡的樹形。

After

留下側枝，不要過度修剪。

POINT! 如果從分枝下方做縮短修剪，反而容易造成果樹枯萎。

6 收穫

一旦開花後，早一點約70天，晚一點約120天左右即可收成。確實了解栽種的桃樹品種，就可以從開花日開始推算出適合採收的時期。採收時如果用指尖抓的話容易傷到果實，影響桃子的保存時限。用手心輕輕握住果實後，微微左右轉動，就可以輕鬆將其摘下。

69

{ 推薦的品種 —— 桃子・油桃 }

Akatsuki（曉）桃 〔桃子・白肉〕
「白桃」和「白鳳」配種而成。糖度高，味道、品質皆屬上等。自然落果情形少，結實性高又安定，容易栽種。

日川白鳳 〔桃子・白肉〕
多汁且糖分高，果肉纖維少。較少裂果或自然落果，保存時限較長。有花粉，具自花結實性。

武井白鳳 〔桃子・白肉〕
標準的早生品種。在味道較淡的早生種中，屬於甜份高、味道濃郁的品種。容易栽培且酸味低又好吃。

白鳳 〔桃子・白肉〕
在中生品種中體型稍小，但水分飽滿又鮮甜。自然落果、裂果情形皆少，屬於結實性高而安定的品種。

Yoshihime 〔桃子・白肉〕
比「Akatsuki（曉）桃」晚收成10天左右，中生的白肉品種。外觀良好，視培育方法有可能長出大粒的果實。保存時限長，易栽種。

黃金桃 〔桃子・黃肉〕
果實大顆、味道佳。結實性高，偶爾有澀味。屬於晚生品種，需要加強病蟲害防治。適合當作授粉樹。

具離核性的油桃，果核和果肉可以輕易分開。

果樹の常識　想要知道的

桃子與油桃的差異

油桃不喜酷暑環境，栽種環境和白桃等其他桃子較不相同。

從外觀或形狀來做區分的話，表面有細微絨毛的是桃子，沒有的是油桃。除此之外，油桃中間的果核容易和果肉分離（具離核性）。桃子黏核性則較強，果核不易取出，且咬到最後會剩下細毛般的纖維質。

味道上，桃子的水分較多、甜度較高；油桃較硬、酸度較明顯。

Silver Prolific 〔油桃〕
果樹高度低，僅150cm左右，很適合當作盆栽果樹。味道豐富酸味低。開花時很漂亮，在庭園樹中頗具人氣。

Fantasia 〔油桃〕
號稱油桃中最好吃的品種。果實大且多汁、甜度高。可當授粉樹。半八重的大蕊桃花十分討喜。

夏乙女桃 〔桃子・白肉〕
「Akatsuki(曉)」和「Yoshihime」配種出的中生白肉品種。水分多且甜度高。果肉纖維多且保存時限長，可以不用套袋。

Hiratsuka Red 〔油桃〕
具自花結實性，容易栽種。屬於中生油桃，裂果少。果肉柔軟多汁，酸、甜味俱強的風味獨特。

秀峰 〔油桃〕
果肉柔軟、水分豐富。品質、味道俱佳。收穫期若遇雨，容易造成裂果或灰黴病，需要多注意。需套袋。

Tsukikagami 〔桃子・黃肉〕
晚生品種。果實大且甜度高、滋味佳。有花粉，具自花結實性。果皮較不易乾燥，可以不套袋。

〔白肉種〕 白鳳

〔黃肉種〕 黃金桃

想要知道的 果樹の常識

白肉種與黃肉種的差異

最一開始的桃子是黃肉種（純種），後來才出現白肉種（混種）。也就是說，黃色才是桃子果肉原本的顏色，白色是經過配種才出現的顏色。

從數年前開始，各式各樣的桃子品種相繼出現，黃桃種當然也不遑多讓。只要選擇家庭園藝也能栽種的品種，就能隨手品嘗到美味濃郁的黃桃。

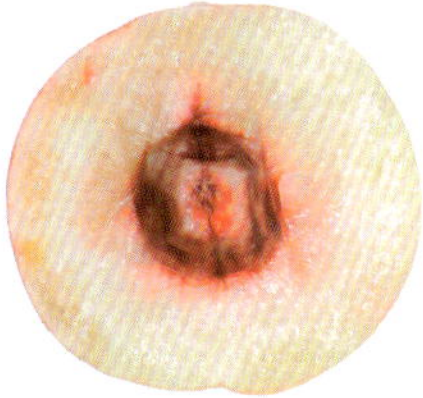

李子・加州李

[薔薇科櫻屬 中國原產]

李子

加州李

樹高	冬季狀態	耐寒性	耐暑性
高	落葉	強	強

結果習性	自花結實性	葉果比
花芽B	需授粉樹	15葉

● 李子・加州梅的管理・作業行程表

▼移植後 第1年

| 10 | 11 | 12 | 1 | 2 | 3 | 4 | 5 | 6 | 7 | 8 | 9 | 10 | 11 | 12 |
移植　　移植　　施肥　　　　秋肥　　修剪

▼移植後 第2年

| 1 | 2 | 3 | 4 | 5 | 6 | 7 | 8 | 9 | 10 | 11 | 12 |
修剪　施肥　　　　秋肥　　修剪
　　　　誘引・摘芯

▼移植後 第3年

| 1 | 2 | 3 | 4 | 5 | 6 | 7 | 8 | 9 | 10 | 11 | 12 |
修剪　施肥　　　李子收穫　秋肥　修剪
　　摘蕾・授粉 誘引・摘芯 加州梅收穫

1 移植

最適合移植的時間是10月下旬到12月中旬、2月下旬到3月中旬。可以先移植到直徑24cm（8號）～30cm（10號）的盆器中，但2年後還要再換盆，所以最好一開始就選擇30cm的大盆器。

根鬚多的優良樹苗

❶ 使用1年生的嫁接苗木。選擇樹根生長狀況良好的苗木。

❷ 確認要放進盆器的長度後，切除多餘部分。

李子是原產在中國的水果，因歷史悠久，所以各地都有很多在地種。有些品種可以種植的範圍很廣、容易栽培。但原產於歐洲的李子，特別容易因夏季高溫潮濕的關係受到病蟲害侵擾，較難種植。

這點對加州李來說也一樣。歐洲品種的李子和加州李，如果夏天常態溫度（尤其是夜晚溫度）沒有低於30度，就很難生存。

此外，這兩者的生長趨勢都很強，所以建議一開始就用較大的盆器。越早完成樹形的打造，就能越早開始結果收成。果樹只要維持在不雜亂的狀態即可，讓養分盡可能可以提供給果實生長。

栽培重點

▶ 李子
❶ 小心不要過度施肥
❷「KOCYEKO」品種最適合當授粉樹

▶ 加州李
雖然1棵果樹也能結果，但混栽2種品種以上可以結出更多的果實。

支柱

❻ 加入培養土後，兩手手指張開插入土壤內，在樹根的縫隙間填入土壤。

❸ 拆除嫁接膠帶。

❼ 移植後，從嫁接處往上50cm左右的地方截短樹幹

在切口塗上白膠等木工用接著劑，預防乾燥、樹枝乾枯。

After

❹ 配合盆器的大小整理樹根。

❺ 培養土倒入盆器1/3處，樹苗放入盆器中央後，再補足培養土。

❽ 沿著樹幹筆直架立支柱後，用束帶固定。

50 cm

POINT!
依照樹幹粗細來決定截短的程度。像加州李這種樹幹比李子細的樹苗，只要從 **30cm** 左右的地方截短即可。

❾ 移植完後，用長嘴水壺大量澆水。

73

2 夏季修剪

移植後第 1 年的春～夏

移植完發芽 2 個月左右，果樹就會像照片中一樣長出很多新梢。趁這個時期整理一下新梢，打造出精簡的樹形。

❶ 生長旺盛、茂密的樹苗。切除逆向枝或平行枝，確保良好的日照通風條件。

❷ 切除嫁接處下方長出的分蘖枝（不定芽）。等分蘖枝長到一定程度再切除，之後就不會再長。

分蘖枝

❸ 如果同一個切口上長出多根新梢，就要評估果樹整體的平衡，留下 1 根，其餘悉數切除。

POINT!
切除前端 1/3 的地方。這樣一來可以維持樹枝的長度，還可以確保切口處長出新梢後，樹形不會變得雜亂無章。

1/3

After

❹ 管理作業完畢後，果樹看起來變輕爽。夏季修剪只能在梅雨時期進行，太早的話會長出太多無用枝，太晚則會和花芽分化的時間重疊，要遵守適合作業的時間。

POINT!
保留不是向內側生長也不會阻擋到其他樹枝生長的樹枝。

只保留 1 根

3 開花・授粉

親合度差的組合很有可能無法授精，所以栽種前要先調查好果樹和授粉樹的親合度。可以選擇一些親合度較高，和各種李樹都相配的品種。加州李也有分需要授粉和不需要授粉的品種，必須先調查清楚。

加州李的花朵約在 4 月中旬綻放。

李花

74

4 疏果

移植後2年才有可能著生果實。開始結果後，等果實長到姆指大小，就要以10片樹葉對1顆果實的比例進行疏果。

疏果時，要先切除向上生長或是日照條件較差的果實。

After

5 冬季修剪 修補樹枝

移植2年後會開始密集地長出短小枝條，須以疏密為主做修整。比較需要注意的是，在盆栽中栽種生長力旺盛的李子或加州李時，生長趨勢不易調整，有時會因夏季酷熱等原因，造成果樹發育不良，或者出現樹皮裂開的情形。

促進花芽萌發的冬季修剪

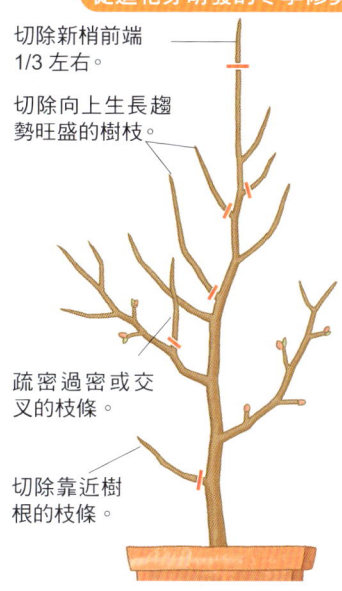

- 切除新梢前端1/3左右。
- 切除向上生長趨勢旺盛的樹枝。
- 疏密過密或交叉的枝條。
- 切除靠近樹根的枝條。

❶ 移植後第3年落葉的果樹。整理時以疏密為主，保持良好的日照通風，有助於隔年果樹的生長。

❷ 樹皮裂開後容易成為孳生細菌的溫床，所以要在裂開的地方全面塗上白膠等木工用接著劑，避免裂開的地方繼續擴大。患部會在數年後慢慢恢復原狀。

STEP UP 栽培知識

套上紗網或袋子，從鳥類口中守護「果實寶藏」

就算再怎麼小心，還是無法勝過鳥類強大的果實探測能力。想要從鳥類的口中保護辛苦栽種出的果實，就要比鳥兒們更早起，或是替果實套袋、蓋上紗網，預防鳥類的侵襲。果樹收成的時間會因種類不同有所差異，如果超過農曆七月，就要替果實套袋，降低夜蛾造成的損害。

6 盆栽的重整作業

移植後2年,土壤中的樹根很有可能已經塞滿整個盆器。如果種在小盆器裡,就可以進行換盆或添加新土。但如果是種在大盆器裡的話,要把整個樹根抽出來,減掉多餘樹根再重新種回去,幾乎是不可能的任務。不過不用擔心,就算無法換盆,也有方法可以改善。

POINT! 用長棍子或支柱一邊壓,一邊將新倒入的用土壓到底部。

① 用粗鑽子從土壤上垂直鑽幾個洞。洞穴間的間隔,維持在不會因為太接近而崩塌的程度。

② 開過洞後,在洞中倒入和移植時一樣的培養用土。如果是直徑30cm的10號盆栽,在適當間隔的洞穴裡倒入的培養土量約莫是20公升。

③ 重整完畢。這個作業最好每年都進行。只要善用這個方法,就能在不傷害到果樹的情況下,讓果樹年年順利開花結果。

7 收穫

李子的收成期一般在7月~8月間,有些會到9月下旬,要先調查好栽種果樹的收成期。加州梅約在8月~9月左右。

李子

{ 推薦的品種 ── 李子・加州李 }

市成 （李子）
晚生種，收成期約在 8 月下旬～9 月上旬。水分豐富甜度高。濃郁的滋味和香氣備受喜愛。

秋姬李 （李子）
晚生品種。果皮一般會從紅色慢慢變成紫紅色，但如果有套袋，就會維持黃色模樣。大粒的果實約 200g 左右。

Kocyeko （李子）
自花結實性高，產量豐富。適合當作授粉樹栽種。和日本加州梅配種，會結出更大顆的果實。紅色的葉子很漂亮。

Kurashima （加州李）
糖度高、酸味低。果實呈橢圓形。果皮為黑紫色，裂果少，收成量較安定。需授粉樹。

Sugar （加州李）
具代表性的歷史悠久品種。酸味低，果實甜如其名。外觀呈美麗的紫紅色。屬於易栽培的品種。

Fellenberg （加州李）
果肉較硬、具甜味、水分多。適合生鮮食用、果醬、蜜餞等各種吃法。易栽種，很適合家庭栽培。

想要知道的 果樹の常識

李子和加州李的差異

其實這兩者並非截然不同的兩種水果。李子的品種當中，有些屬於歐洲的 DAMAS 系統，雖然在日本被歸納在李子，但在歐洲算是介於李子和加州李間的品種。

因此，李子和加州李在學術上無法完全劃分開來。但就廣泛而言，李子的耐暑性較強，加州李則稍弱。

李子的耐暑性高於加州李，較好栽種。

肉用杏

[薔薇科櫻屬　中國西北方原產]

樹高	冬季狀態	耐寒性	耐暑性
高	落葉	強	中

結果習性	自花結實性	葉果比
花芽B	具結實性	40葉

● 杏桃的管理・作業行程表

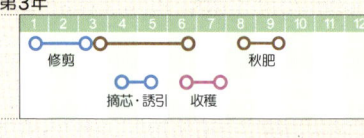

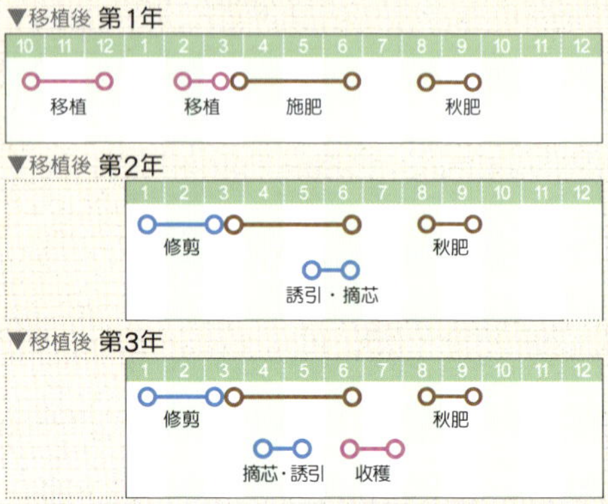

▼移植後 第1年

| 10 | 11 | 12 | 1 | 2 | 3 | 4 | 5 | 6 | 7 | 8 | 9 | 10 | 11 | 12 |

移植　　移植　　施肥　　　　　秋肥

▼移植後 第2年

| 1 | 2 | 3 | 4 | 5 | 6 | 7 | 8 | 9 | 10 | 11 | 12 |

修剪　　　　　　　　　　　秋肥
誘引・摘芯

▼移植後 第3年

| 1 | 2 | 3 | 4 | 5 | 6 | 7 | 8 | 9 | 10 | 11 | 12 |

修剪　　　　　　　　　　　秋肥
摘芯・誘引　　收穫

雖然肉用杏的新鮮美味令人垂涎，但礙於對夏季暑熱和濕度的抵抗力較低，除非位於太陽較早下山，而且夏天夜晚還是很涼爽的區域，否則很難栽種出果實纍纍的果樹。

肉用杏很容易就萌發出花芽，而且具自花結實性的品種很多，只要種一棵就能結出很多果實。在這之中，又以「信州大實」這種混合日本和西洋品種的肉用杏最為容易栽培且結出的果實不論生食或曬乾都十分合適。

栽培過程大致上和李子、加州李大同小異，但樹枝量較多，須確實執行包含夏季修剪在內的修整作業，以維持良好的日照通風環境。不需要太著重於打造樹形，適度任其自由生長即可。

栽培重點

❶ 比李子更偏好涼爽氣候，須小心夏季暑熱。

❷ 生食時，建議選擇當地品種。

❸ 適度放任果樹生長成形。

打造樹形

移植後第1年的春～夏

肉用杏的生長趨勢強，枝葉茂密成長。如果樹枝過於密集，會阻礙到日照或通風，就要在梅雨季節前修整改善。

① 發芽後2個月，樹枝上長出新芽。切除向內側或平行生長，以及細弱的枝條。
保留　　保留

② 保留長短、粗細均一的3根樹枝，其餘切除。保留的3根樹枝彼此約呈90度。
90度　90度

③ 架設支柱誘引，讓樹枝間彼此呈60度角。到了冬天後，截短前端1/3處，第2年後亦同。各主枝皆保留3根長出來的側枝，其餘切除。
60度　60度

78

> 想要知道的 果樹の常識

水果的美味成分

蘋果中含有豐富的果糖。

每個人對味道都有一定的偏好，無法一概而論。但影響水果美味與否的條件，不外乎是甜味、酸味、溫度、口感、香味。在這之中，又以甜味和酸味對水果的影響最為劇烈。接下來，就讓我們來看看水果的美味要素有哪些。

甜味（糖分）

左右水果美味的最重要角色，就是甜味。構成甜味的來源有蔗糖、葡萄糖、果糖和糖醇中的山梨糖醇。

蔗糖的甜味自然，會一直殘留在舌尖上。葡萄糖的甜味約為蔗糖的60%，甘甜爽口。果糖約為蔗糖的120%，甜味最強，卻清爽不膩口。而且果糖冰鎮過後甜度還會再上升，所以常有人說水果要先冰一下再吃，就是這個道理。

山梨糖醇的甜度是蔗糖的60%左右，甘甜中帶著清涼感。柿子、桃子和成熟的李子中含有很多蔗糖。葡萄糖的代表水果則是葡萄和梅子。蘋果、梨子中則有豐富的果糖。此外，葡萄和溫州柑橘中，同時含有幾乎等量的葡萄糖和果糖。

酸味（有機酸）

水果中的酸味，是提供爽快清涼感的成分，多由蘋果酸、檸檬酸、酒石酸等有機酸構成。蘋果酸是稍微帶點刺激的涼爽酸味。檸檬酸的酸味溫和、清爽。酒石酸帶有些微澀感，及微微刺激。檸檬酸富含於柑橘類中；蘋果酸則是蘋果、梨子、櫻桃、桃子、李子等的主要酸味來源。

有機酸和糖分相反，接近成熟期後會急遽減少。其他會影響到水果美味的要素，還有品嘗時的口感、香氣、苦味和水果本身的味道。

蘋果

[薔薇科蘋果屬　南亞高加索地區原產]

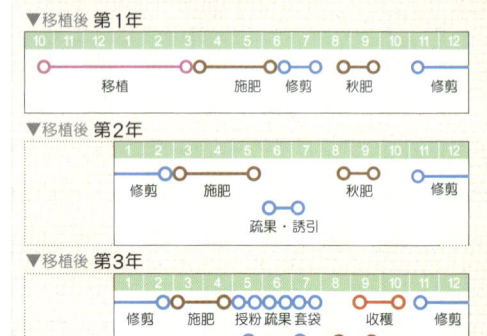

1 移植

從10月底到隔年的3月間，是最適合移植的時期。使用直徑24cm的8號～10號盆器。種植蘋果時，只要選擇綜合矮性台木的二段式嫁接苗木，果樹就不會長太高，可以減少修整的負擔。

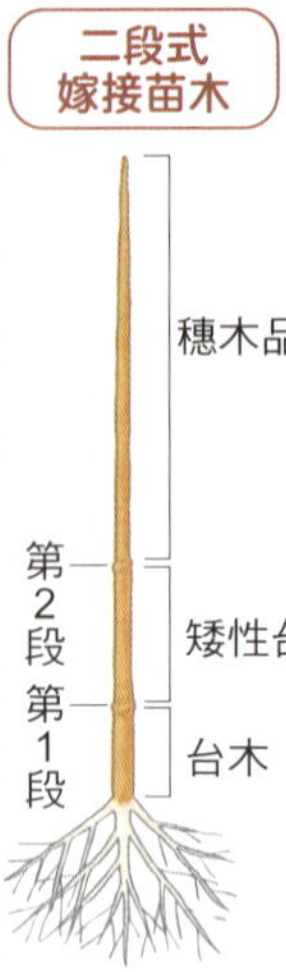

二段式嫁接苗木
- 穗木品種
- 第2段 / 第1段：矮性台木
- 台木

❶ 選擇根鬚茂盛、節間短的苗木。

❷ 確認樹根的長度後，切除多餘部分。

樹高：高　冬季狀態：落葉　耐寒性：強　耐暑性：中

結果習性：混合花芽C　自花結實性：需授粉樹　葉果比：40葉

● 蘋果的管理‧作業行程表

▼ 移植後 第1年

| 10 | 11 | 12 | 1 | 2 | 3 | 4 | 5 | 6 | 7 | 8 | 9 | 10 | 11 | 12 |
移植　　　施肥　修剪　秋肥　修剪

▼ 移植後 第2年

| 1 | 2 | 3 | 4 | 5 | 6 | 7 | 8 | 9 | 10 | 11 | 12 |
修剪　施肥　　　　秋肥　修剪
　　　　疏果‧誘引

▼ 移植後 第3年

| 1 | 2 | 3 | 4 | 5 | 6 | 7 | 8 | 9 | 10 | 11 | 12 |
修剪　施肥　授粉 疏果 套袋　收穫　修剪
　　　　　夏季修剪‧誘引　秋肥

蘋果的耐寒性很強，在年平均氣溫7～12℃的地區亦能栽種。但如果在4月下旬的開花期遇到寒風來襲，花朵會造成損傷，進而影響到結果。栽種在溫暖地區時，果實的生長速度會加劇，果縱向發育較早停滯，果實就會不斷橫向生長，形成扁平狀的果實。除此之外，果皮較薄的話容易染上炭疽病，色澤和甜度也會降低。

暖地栽培時，選擇晚生品種較能減少這些傷害的產生。但因為收成期容易和夜蛾出沒時期重疊，必須替蘋果套袋，或蓋上紗網做好防蛾準備。

蘋果的自花不結實性很強，難以靠自身花粉結果。想要確保果實的結成，可以栽種「阿爾卑斯少女」這種具自花結實性，又能充當其他品種果樹授粉樹的種類。

栽培重點
❶ 務必栽種「阿爾卑斯少女」品種當授粉樹。
❷ 花芽會長在樹枝前端，縮短修剪時要小心別剪到花芽。
❸ 必須分次少量噴灑藥劑。

支柱

束帶

❽ 沿著樹幹筆直架立支柱，再用束帶固定。

❾ 移植後，用長嘴水壺大量澆水。

81

❻ 倒完土壤後，兩手手指張開插入培養土中，在樹根縫隙間填入土壤。

❼ 移植完後，從嫁接處往上50cm左右的地方截短樹苗。截短時要從節間的正上方切除，不要留下空隙。

木工用接著劑

50 cm

務必在切口上塗抹速乾的白膠等木工用接著劑，可預防乾燥及樹枝內乾枯。

嫁接膠帶

❸ 拆除嫁接膠帶。

After

❹ 依照盆器大小整理好的樹根。

❺ 一手握住樹苗，直挺地放入盆器中央後，倒入土壤。

2 夏季修剪

移植後第 1 年的春～夏

想維持樹形，保持良好的日照通風，就需要進行夏季修剪。最適合的時間大約是 6 月～7 月下旬。從根部切除交叉枝、向果樹內側及正上方生長的樹枝。

① 發芽後 2～3 個月，茂密的枝葉開始阻礙到日照通風。

② 從樹幹上長出來的多餘側枝，全部從根部切除。

③ 做誘引，讓 3 根主枝能夠均等，並和地面呈傾斜角度成長。

逆三角形

After

3 摘蕾・摘花・疏果

摘蕾・摘花

到了第 3 年後，果樹就可以大量結果。但要小心果實過多會營養不足，無法長成優質的果實。依照花蕾、花、幼果的不同結成時期進行摘除作業，調整數量。

① 摘除果樹全體 2/3 左右的花蕾。1 個花萼約會裂出 5～6 朵花蕾，保留中間 2～3 朵即可，其餘切除。

中心花蕾

摘花

② 花開後要實施摘花作業。和摘蕾時一樣，為了預防落花的情形發生，先保留 1/3 左右的花，其餘切除。

POINT!
保留最早開花的中心花蕾，摘除旁邊的花蕾。為了預防生長過程中的突發狀況，需保留 1～2 朵做預備。

花萼

側邊花蕾 — 中間花蕾 — 側邊花蕾

82

4 套袋

疏果後就可以套袋，除了預防果實受到害蟲侵襲，還能減少藥劑的使用。約在收成的1個月前拆除套袋，讓果實照射陽光，促進著色。

① 考慮到果實之後還會長大，套袋時選用較大的袋子。

② 從果實底部向上套進後收緊。

③ 在梗的地方固定袋口就完成。

疏果

想種出美味的果實就必須疏果。摘除受傷或生長狀況不佳的果實，1個花萼上只保留1顆果實。但如果每個花萼都已經摘完果，該枝上的果實還是過於密集，就必須再次進行疏果來疏密。

保留的果實

① 圖中為幼果。在自然落果結束後，以1個花萼保留1顆果實為基準進行疏果。

② 疏果時的葉果比例，大粒品種約70～80片樹葉對1顆果實，中粒品種則約40～50片樹葉對1顆果實。

STEP UP 栽培知識

開花時期嚴防水分不足！

果樹在孕育花芽、開花的時期，需要消耗大量的養分。想要確保果樹能在最佳狀態下產生花粉、成功授粉，就絕對不能怠慢此時的澆水工作。水分不足會直接對花或樹葉造成損傷。尤其是要時常澆水的盆栽栽培，更需要小心注意。

垣籬式整枝法

適用於蘋果或西洋梨等果樹的樹形。利用主枝下方長出來的腋枝，透過修剪，促進短果枝生成。因為是平面的樹形，所以也適合狹窄的空間。

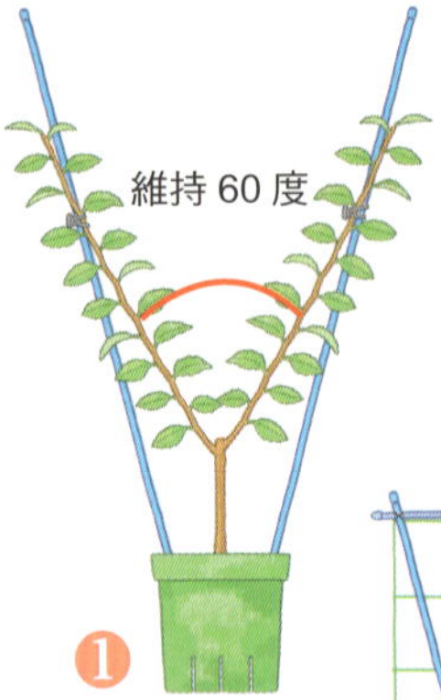

維持60度

網

① 2根主枝，分別在盆栽兩側的支柱做誘引，使其垂直生長。

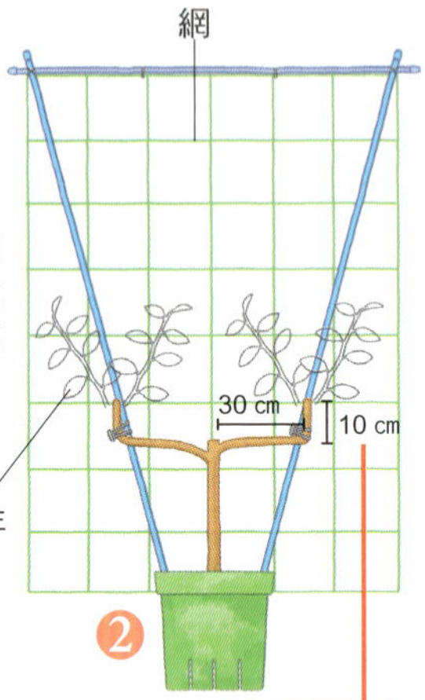

各主枝保留2根隔年春天長出的新梢。

主枝都長出來之後，就架設網子（柵欄）做誘引。

② 垂直部分縮短剪至10cm。

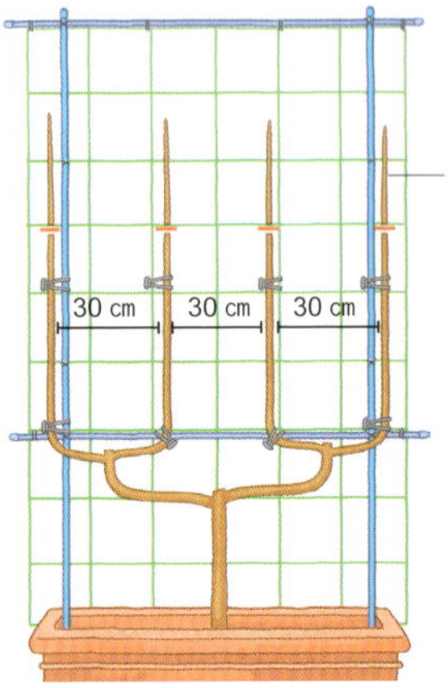

30 cm / 30 cm / 30 cm

切除1/3左右。

③ 換盆到大型盆器。超出盆器的地方就誘引成U字型，並且切除樹枝前端約1/3處。

靠垣籬式整枝法就能輕鬆種出蘋果。

POINT!
冬季修剪時可以噴灑石灰硫磺合劑，可預防赤星病或炭疽病。

5 冬季修剪

只要使用矮性台木就可以不用修剪。但還是要注意保持簡潔的樹形，切除交叉枝或過於密集的樹枝。

移植後第3年的冬天

① 切除交叉、平行、筆直向上生長或徒長的枝條。

② 以修整過密生長的枝條為主，切除徒長枝等不需要的樹枝。

③ 整理好的整潔果樹。日照、通風條件都會變好。

After

84

6 收穫

蘋果的收成期因品種而異，8月「津輕」，10月「王林」，晚秋則是「富士」。但不管哪個品種，都要先在果樹上確實著色，熟成後盡早採收。雖然市售果實多半是還沒全熟就先採收下來再做催熟，但在樹上成熟的果實不論是味道或香氣都別有一番風味，是只有家庭栽培才能體會到的樂趣。

{ 推薦的品種 ─ 蘋果 }

信濃金蘋果
由「金冠」和「千秋」配種而成。果皮呈黃綠至淡黃色，沒有紋路。酸甜均衡，味道濃郁。

富士
結實性好，屬於豐產類型。水分多，品質高。世界各地常見的人氣品種。無袋栽培時稱「陽光富士」。

阿爾卑斯少女
雞蛋般大小的迷你蘋果。體型雖小但味道很好，很適合盆栽栽培。此外，因具自花結實性，所以也很適合當作其他品種的授粉樹。

王林
「金冠」和「印度」的配種。果皮為黃綠至黃色。具有獨特的芳香氣味，果實汁多味甜。

津輕
果實大且水分豐富、酸味少。果皮為美麗的鮮紅色，結實性好。屬於早生品種，約8月下旬開始收成。

信濃甜蜜蘋果
「富士」和「津輕」的配種。水分多甜味高，廣受歡迎。果實約重300～350g，屬大粒品種。適合栽種在寒冷地區。

梨子

［薔薇科梨屬
日本梨＝日本原產　西洋梨＝地中海沿岸原產］

樹高	冬季狀態	耐寒性	耐暑性
高	落葉	中	強

結果習性	自花結實性	葉果比
混合花芽C	需要授粉樹	30葉

● 梨子的管理・作業行程表

▼移植後 第1年

| 10 | 11 | 12 | 1 | 2 | 3 | 4 | 5 | 6 | 7 | 8 | 9 | 10 | 11 | 12 |

移植　　施肥　　秋肥

▼移植後 第2年

| 1 | 2 | 3 | 4 | 5 | 6 | 7 | 8 | 9 | 10 | 11 | 12 |

修剪　施肥　　　　秋肥

▼移植後 第3年

| 1 | 2 | 3 | 4 | 5 | 6 | 7 | 8 | 9 | 10 | 11 | 12 |

修剪　施肥　整枝・摘芯　　施肥
　　　　授粉 疏果 套袋　收穫

栽培重點

❶ 枝幹容易彎曲，較適合用變則主幹型整枝法（→P13）。

❷ 雖然移植後立刻就會開花，但要3年後才能結果。

❸ 進行疏果作業，確保結出碩大果實。

1 移植

10月下旬～隔年2月下旬最適合移植。觀察樹苗大小和樹根生長狀態，移植到8～10號盆器中。生長狀況好的樹苗，可以一開始就移到直徑30cm的盆器。

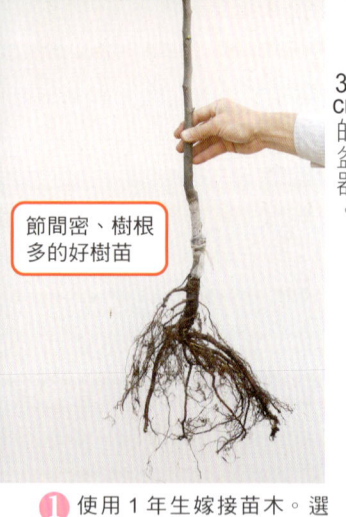

節間密、樹根多的好樹苗

❶ 使用1年生嫁接苗木。選擇節間多、樹根多的樹苗。

❷ 確認想要保留的樹根長度，其餘切除。

POINT!
盆器底部1/3處會先鋪上培養土，所以樹根要切齊至盆器2/3左右長度。橫向生長的樹根要窄於盆器的寬度。

耐寒性強，能適應的溫度範圍大，在很多地方都能栽種。但栽種在日照時間長、具適當濕度的溫暖地區時，長出的果實比較好吃。越寒冷的地方越要選擇早生的品種。

選擇排水性較好的用土，多添加一點風化花崗岩和川砂。果實遇風容易掉落，枝條也容易折斷，需要小心強風。

和蘋果一樣屬於同種不授粉，需要種植2種以上相異的品種。原產在中國的「鴨梨」很適合當授粉樹，也可以種植其他日本梨代替。

善用格子狀的整枝方法，西洋梨也能打造成適合家庭園藝的樹形。但需要注意防治病蟲害，以及收成後必須追熟（→P91）。

86

⑤ 培養土約至盆器 8 分滿即可。樹根重疊處的縫隙，必須用指尖填入土壤。

③ 為了不妨礙生長，取下嫁接處的膠帶。

嫁接膠帶

支柱

⑥ 移植後將苗木縮短，剪至嫁接處往上 50cm 左右地方。

④ 移植前培養土先倒入盆器 1/3 高度的位置，將樹苗放至盆器中間後，再填入用土。

束帶

⑦ 沿著樹幹筆直架立支柱，用束帶固定。盆栽栽培也要小心強風，盡可能不要移動到樹根和土壤，樹根才能扎得穩。

POINT!
直接從節的正上方切除。切口和節之間不要留空隙。

50 cm

木工用接著劑

在切口塗上白膠等木工用接著劑，可預防乾燥、樹幹中心枯萎。

⑧ 移植完後大量澆水。如果此時土壤上出現很多泡泡，就表示樹根間有空隙，必須補足土壤。

87

2 授粉

梨子具有一種叫做自交不親和性的特性，無法靠自己的花粉結果，一系列不同品種的花粉也無法單種一棵就結果。梨子必須搭配各種品種的開花期不定。，如果想要確保結果樹著生，如果想要確保結果，就要進行人工授粉。，就要進行人工授粉用人工授粉摩擦雌蕊的方法，或是收集花粉後再授粉的方法。

收集花粉後再授粉的方法

摘下授粉樹上的花鋪放在報紙上，放在無風的明亮處。等到雄蕊上花藥的花粉掉落後，蒐集起來放在容器中，冷藏保存。

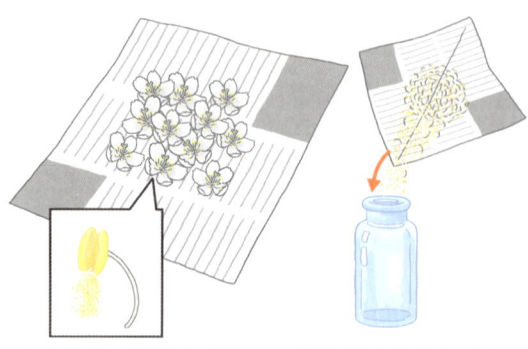

在報紙上鋪放授粉樹的花，置於明亮處。

等花藥成熟花粉掉落後，拿掉花朵部分，將花粉倒入瓶罐中，冷藏保存。

用掏耳棒後的毛球或毛筆筆尖摘取花粉，輕輕刷在要授粉的雌蕊前端。

直接用花摩擦的方法

❶ 開花期重疊時，可以直接用授粉樹的花蕊對準果樹的花蕊，兩者輕輕摩擦。

POINT! 開花後3天左右，是最適合進行授粉作業的時期。如果沒有做過摘蕾，就選擇開得又大又完整的花朵做授粉。

❷ 手握住具花粉的花朵，直接摩擦需要授粉的雌蕊前端。

POINT! 梨子對病蟲害的抵抗力很弱，所以疏果完就要立刻套袋。

3 疏果

梨子1個花萼就會結出很多果實。所以要控管果實的數量，才能確保果實獲得充分營養。疏果後要進行套袋。

5月中旬～6月上旬左右，果實長成乒乓球大小，1個花萼只保留1顆果實。

88

果實著生的方法

前一年長出來的枝條前端及腋枝部分，都會長出混合花芽。花芽和春天時長出來的新梢上會著生果實。尤其是第 3 年樹枝上長出來的短果枝前端，會萌發花芽、結成出色的果實。增加收穫量的關鍵，就在促進短果枝的生成。

- 混合芽
- 葉芽
- 花芽
- 短果枝
- 新梢
- 果實（1 個花芽會結成數顆果實）
- 前一年長出來的樹枝（2 年枝）
- 3 年枝

移植後 3 年的西洋梨樹形。保留 3 根主枝，樹高盡量控制在 2 公尺內。樹枝變長後就做縮短修剪。

4 打造樹形

打造梨子的樹形時，一般會使用水平棚架整枝法，但考慮到盆栽的空間問題，使用讓主幹慢慢生長的變則主幹型整枝法較適合（→P13）。

POINT!
開始可以著生果實後，利用休眠期間將向上生長的枝條誘引至下，促進隔年短果枝的生成。

5 整枝修剪

修剪要在果樹休眠的冬季進行。先從平行枝或徒長枝等會阻礙到日照或通風的枝條開始切除，接著再縮短修剪樹枝前端，促進能結出好花芽的短果枝茂盛生長。

移植後第 2 年的冬天
變長的枝條前端需全部截短 1/3。

盡早切除徒長枝。

移植後第 2 年的春〜夏
到了夏天後，樹枝過於密集會影響到日照和通風，必須進行整理。

生長趨勢旺盛的新梢前端要做摘芯。

切除過於密集的樹枝。

截短 1/3

移植後第 1 年冬天
新梢上不會長出花芽，縮短剪樹枝前端 1/3 的地方。

89

6 收穫

收穫期大約是9月上旬～10月下旬,但日本梨、中國梨、西洋梨等不同品種還是有所差異。日本梨必須要在樹枝上熟成,不能過早採收。用手摘取時,果實如果輕易脫落就表示已經完全成熟。

梨子如果放太久,口感會變得鬆軟不好吃。另外,因品種的不同而西洋梨可能會因品種的不同而有追熟的必要。甚至還有像法蘭西梨這種需要在陰冷處放置將近1個月追熟的品種。

{ 推薦的品種 —— 梨子 }

Akiakari
約比「幸水」晚1周收成。果肉柔軟細密,多汁。甜度高、味道佳。

幸水
果肉的肉質算是日本梨中的翹楚。汁多甜味強。無法和「新水梨」配種。冷藏後可以長時間保存。

新高
晚生的大粒品種,1顆約1公斤重左右。汁多味甜,極具人氣。保存時限長,常溫中約可保存1個月。

法蘭西梨(La France)
西洋梨的代表品種。糖度、香氣都很強,水分也很豐富。食用前需要一段追熟期,等到摸起來像耳垂般硬度時即完全成熟。

鴨梨
又被稱為「香梨」。水分豐富甜度高、具芳醇香氣的中國梨。很適合當日本梨的授粉樹。

Natsushizuku
早生種的青梨,以早生種而言果實算大顆。糖度高、酸味低。不套袋也能種出外觀漂亮的果實,栽種起來很方便。

90

> 想要知道的 **果樹の常識**

水果的品嘗時機和保存方法

一般來說，水果都是在成熟時採收，直接生食。因為此時的水果熟成度正佳，不論味道或香氣都處於顛峰。但有些水果的最佳食用時機，必須先經過追熟或儲藏。所謂的追熟，就是採下水果後先擱置一段時間，等果肉軟化、甜度增加後再食用。

奇異果在初霜時期就要收成，再放至涼爽的地方追熟。

需要追熟的水果

● **西洋梨** 西洋梨在樹上時，就算成熟還是很硬不能吃，所以必須在果皮變黃後先採收，再放到涼爽的地方追熟。追熟的時間則因品種而異。

● **澀柿** 不進行採收的話，柿子肉會軟化不好吃。要在果皮呈現黃色或泛紅時採收，進行脫澀處理。

● **奇異果** 奇異果的果皮不會變色，很難從外觀判斷成熟程度。如果是在不會很冷的地區，可以等到初霜後再收成，並排放在涼爽的地方維持適當溫度1週左右。等到果肉軟化後就可以品嘗。

各種保存法

蘋果、梨子、桃子、柿子、葡萄，要趁變乾前放進塑膠袋冷藏。但有一點需要注意，桃子的保存期限比其他水果短，最好盡早食用。熱帶、副熱帶的水果多半不適合冷藏，如果過冷會造成低溫傷害。這些水果一般是常溫管理，在吃之前稍微放進冰箱降溫，吃起來的甜味會更濃郁。

櫻桃和枇杷等水果不耐冷藏，採收後最好盡早食用。柑橘類的水果可以存放較久，不需要特別放進冰箱，只要放在陰涼通風的地方即可。

無花果

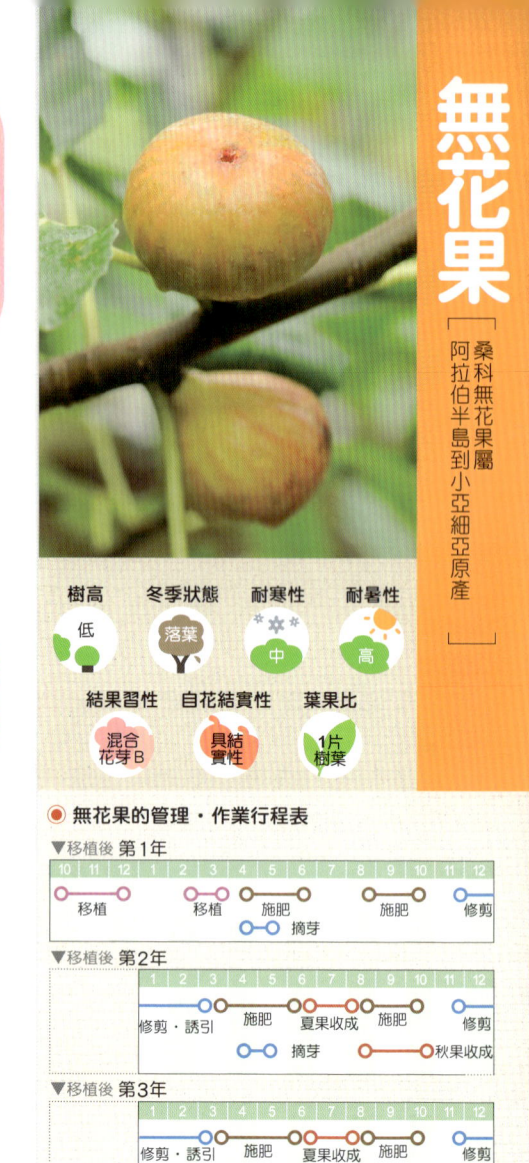

[桑科無花果屬
阿拉伯半島到小亞細亞原產]

1 移植

10月中旬～12月中旬、2月下旬～3月下旬是最適合移植的時間。建議選擇直徑24cm的8號盆以上的盆器。等移植2年後的2～3月再將舊根切除，換到更大的盆器。

盡量選擇根鬚茂密的苗木

❶ 照片中為嫁接苗木，但一般多使用扦插苗木。

❷ 確認盆器的深度和樹根需切除的位置。切齊樹根，保留足夠的生長空間。

樹高	冬季狀態	耐寒性	耐暑性
低	落葉	中	高

結果習性	自花結實性	葉果比
混合花芽B	具結實性	1片樹葉

● 無花果的管理・作業行程表

▼移植後 第1年

10	11	12	1	2	3	4	5	6	7	8	9	10	11	12
移植				移植		施肥				施肥				修剪
							摘芽							

▼移植後 第2年

1	2	3	4	5	6	7	8	9	10	11	12
修剪・誘引		施肥		夏果收成		施肥				修剪
			摘芽					秋果收成		

▼移植後 第3年

1	2	3	4	5	6	7	8	9	10	11	12
修剪・誘引		施肥		夏果收成		施肥				修剪
			摘芽					秋果收成		

無花果的種植歷史久遠，可以追溯到二千七百年前的埃及。品種眾多，全世界約莫有二百種以上。其中還有味道甜如砂糖，可以連皮食用的小顆品種，選擇非常多樣化。

栽種時要特別留意長出結果枝前的樹形打造。第一年要專注在果樹的培育，將果實全部摘除。如果一開始的管理沒有確實做好，之後樹枝就會很難整理。

由於葉片較大，蒸發量高，需要注意乾燥問題，絕對不能怠慢澆水作業。此外，也要小心天牛等害蟲的食害，每天都要仔細照料。

栽培重點

❶ 修剪時必須了解夏果和秋果的結果位置，修整成簡潔的形狀。

❷ 夏天要確實澆水。

❸ 果實成熟期不要淋到雨，否則會產生裂果。建議種在可以避雨的地方。

⑦ 架立支柱並用束帶固定，以免樹幹被風吹倒。

支柱

束帶

⑥ 地面上的樹幹部分，從 50cm 的地方截短。

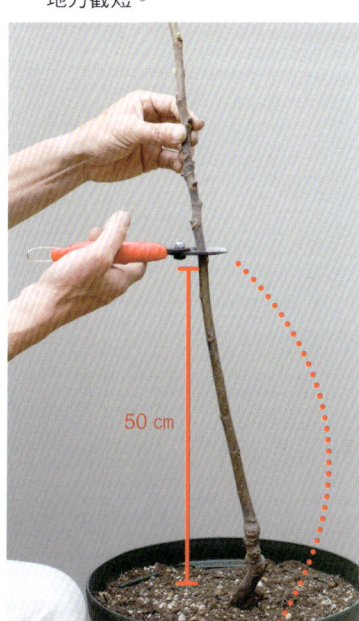

50 cm

木工用接著劑

切除過後的切口要立刻塗上白膠等木工用接著劑，避免細菌藉雨水入侵。

嫁接膠帶

③ 拆除嫁接膠帶。

After

④ 整理完的樹根和整理前比起來精簡許多。

⑤ 用土倒滿盆器 1/3 左右。樹根擺放到盆器正中間後，添足用土。指尖插入土壤，確認土壤和樹根緊密貼合。

⑧ 移植完後，大量澆水至水從盆器底部流出為止。

想要知道的 果樹の常識

小心切口的膠狀物質！

切除無花果的枝葉或採收果實時，樹體上會產生膠狀的白色液體。這種液體是蛋白質的分解酵素，會溶解細胞壁。容易出現皮膚炎的人，盡量避免碰觸到這種液體。如果不小心沾黏或碰觸到時，須立即用肥皂清洗後再用清水沖乾淨。

93

無花果樹的樹形主要是變則主幹型或開心自然型、主幹型、一文字型可以按照品種的生長趨勢來決定。因為枝幹偏柔軟，所以可隨心所欲自由改變樹形。

2 打造樹形

2 根主枝的變則主幹型

將下垂的主枝抬高、朝正上方生長的主枝壓低，藉由抑制果樹的生長趨勢來調整左右枝幹的平衡。雖然樹高會增加，但不太會橫幅成長，因此狹窄的地方也適合栽種。

支柱

After

3 根主枝的變則主幹型

果樹不會長太快，適合夏季收成品種打造的樹形。

3 整枝修剪

以疏枝和摘芯為主，須注意栽種的品種是夏季收成還是秋季收成。夏季收成的品種，如果將前端截短，秋季就不會收成的無花果實結果，秋季收則必須確認著生果實成長後不會阻礙到枝伸長，做好疏密，此成長保持間隔。

移植後第一年的夏天

倒三角形的樹形基準

主枝的數量不需要到 4～5 根，進行疏枝控管枝數。

移植完幾年後，要注意果樹是否太過茂密以免影響到日照，樹葉間彼此過於密集也容易造成果實損傷，必須事先替結果枝做疏密。尤其是靠近前端處生長較旺盛，必須盡早進行。

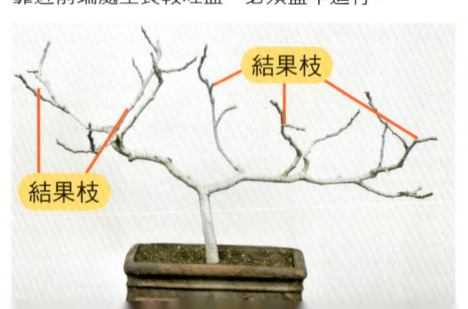

移植後第三年的冬天

結果枝

結果枝

頂芽

POINT!

樹形雜亂且生長快的枝幹，可以先摘芯（摘除頂芽）減緩生長速度，並讓養分運送到其他較衰弱的樹枝，藉此調整樹形。

切除從地面上 15cm 左右的地方長出來的枝條，以免妨礙到除草作業。

94

分次修剪，守護果樹健康

STEP UP 栽培知識

無花果的樹枝切過後一段時間，中心的部位就會腐爛、出現凹洞。如果放置不管的話，很可能因為囤積雨水造成疾病，或是藏匿蟲卵引發蟲害。樹枝的切口必須平整，才不會造成凹洞。所以在截短樹枝時，可以先從較長的地方切一次，等到乾掉的切口開始枯萎後，再切至節間上方。切口需塗上木工用接著劑，預防乾燥和疾病感染。

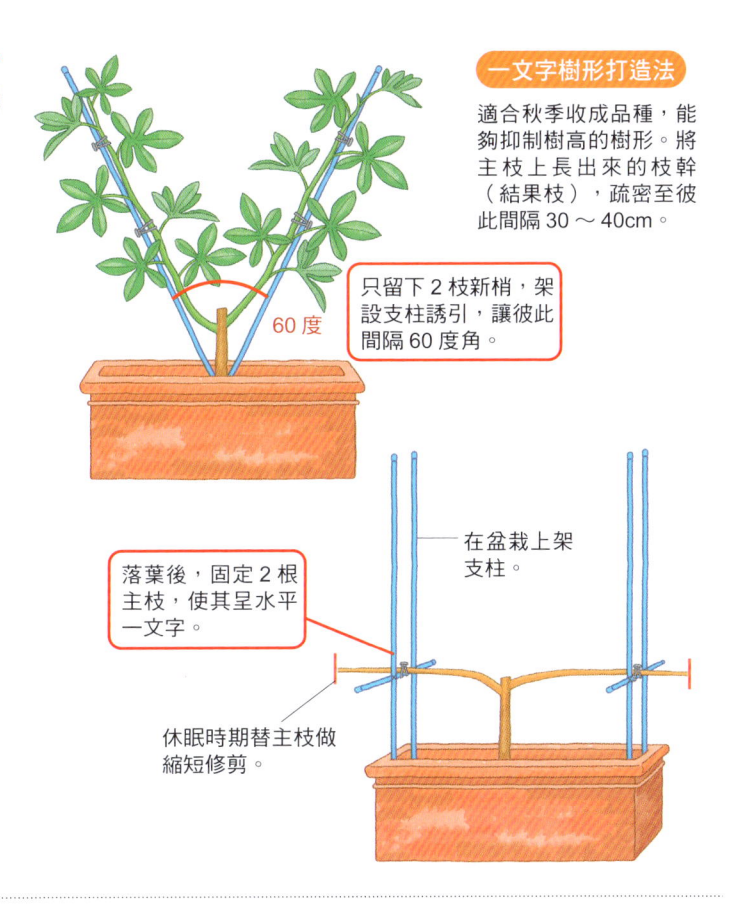

一文字樹形打造法

適合秋季收成品種，能夠抑制樹高的樹形。將主枝上長出來的枝幹（結果枝），疏密至彼此間隔 30～40cm。

只留下 2 枝新梢，架設支柱誘引，讓彼此間隔 60 度角。

60 度

在盆栽上架支柱。

落葉後，固定 2 根主枝，使其呈水平一文字。

休眠時期替主枝做縮短修剪。

果實著生的方式和修剪

無花果依照結果時期的不同，可以分為夏季收成、秋季收成、夏秋季收成，各自的結果方式都有些差異，所以必須配合品種改變修剪的方式。但不管哪種品種，都要切除不易著生花芽的細小樹枝，以利增加花芽。

●秋季收成品種

當年生成的新梢上，除了根部 1～3 節外，每節葉腋處都會長出幼果，約在 8 月中旬～10 月下旬成熟。

當年長出的新梢上，結出秋季收成的幼果

秋果
夏
前一年長出的樹枝，只需要保留 2～3 個節間左右的長度。
混合花芽
結出隔年夏季會收成的幼果
前一年長出的樹枝。

●夏季收成品種

前一年長出的樹枝前端，會結出隔年要收成的果實。約在過冬後的 6 月下旬～8 月初成熟。

冬
不要切除前端附近的花芽。
葉芽
花芽
前一年長出的樹枝

●夏秋季收成品種

夏秋季收成品種的果樹上，會同時結出夏季收成和秋季收成的果實。

夏
秋果
混合花芽
秋果
夏果（幼果）

冬
保留 50～60% 不要切除，以作為著生果實的枝幹。
花芽
前一年長出的樹枝

夏秋季收成品種的結果方式

秋果
夏果

95

4 害蟲對策

想要預防天牛、蚜蟲、介殼蟲等蟲害發生，就必須要確實進行噴灑藥劑等驅蟲管理作業。但如果損害情形尚輕，或蟲的數量較少時，可以趁早進行捕殺或傷口的處理。

煤病的處理方法

蚜蟲的排泄物會造成煤病。

用舊牙刷刷除患部的病原體。

After

POINT!
刷除一定程度的病原體後，再噴灑殺蟲劑效果更大。

天牛會鑽入樹幹內產卵，看到樹幹上出現大塊木屑就可以知道天牛的行蹤。如果不做處理，樹幹容易枯死，所以一發現就要用附噴嘴的家庭用殺蟲劑直接從洞口注入。

5 收穫

夏季果實的收成期約在6月下旬～8月上旬；秋季果實則在8月中旬～10月下旬，但還是會依照品種的不同出現差異，必須事先了解清楚。仔細觀察無花果的果實，如果下垂就是熟成的徵兆，可以從較軟的果實開始採收。

想要知道的 果樹の常識

最適合做成乾燥水果的無花果

歐洲的無花果，主要為「斯密爾那系」，是適合做成乾燥水果的大粒品種。這種系統的所有品種，都需要雄性授粉才能結果。

會綻放雄性花的無花果屬於「卡普利系」，而負責運送這種花粉的無花果峰，幾乎可說是生來幫助無花果授粉的微小生物。無花果峰會從斯密爾那系果實的尾端小洞鑽進去，助其授粉，但一旦鑽進果實內就飛不出來，很快就會死亡。

無花果蜂非常小，很難用肉眼看到，即使吃下去也不會知道。再加上無花果在乾燥的過程中都會經過自然殺蟲殺菌，所以不需要擔心對身體的影響。

但相對的，不存在這種無花果蜂的地區，就無法結出斯密爾那系的無花果。

乾燥的無花果

96

{ 推薦的品種 ── 無花果 }

陶芬 Dauphine
夏秋收成。日本產無花果中最多產的品種。豐產且易栽培。保存期限長但不耐寒。適合一文字或開心樹形的整枝方法。

果王 The King
夏季收成。果實較小，但肉質綿密甘甜，味道清爽不膩。結果多，收成量高。

紫陶芬 Violette Dauphine
夏季收成。水分多甜度高，具香氣。熟成後果實不會裂開。果皮薄容易受傷。因為收成時期易和梅雨季相疊，所以收成量較不穩定。

麗莎 Lisa
夏秋收成。紐西蘭傳入的品種。果實大而圓，香氣濃，酸味強。常被使用於製作果醬。

Banane
夏秋收成。甜度高，肉質好且有黏稠口感。夏果碩大，但甜味稍低於秋果。秋果比陶芬小一點。

白熱內亞 White Genoa
夏秋收成。甜度高，香氣濃郁。最好在完全成熟前就採收。保存期限不長，常被用來做蛋糕。果實大，果皮薄、呈黃綠色。

斑紋無花果
秋季收成。法國原產的無花果，綠白相間的花紋非常漂亮。酸甜均衡，在觀賞用果樹中人氣極高。

早生日本種（蓬萊柿）
秋季收成。夏季也有些微產量，但主要還是集中在秋季。肉質較軟，酸味強，果實頂端會裂開。

Negronne
夏秋收成。產量多又好吃，但酸味稍強，適合做成乾燥水果。黑色的果皮具光澤，外觀很漂亮。

柿子

[柿樹科柿樹屬 東亞溫帶到東南亞熱帶原產]

1 移植

POINT!
如果是像照片中一樣粗壯的樹根，一開始就可以種在直徑 30cm 的 10 號盆裡。

① 柿樹的樹根很容易受到土質影響，務必要挑選茂密充實的樹根。

② 如果樹根像照片中一樣茂密，可以將樹根從畫線處切除，以免樹根間彼此阻礙發展。

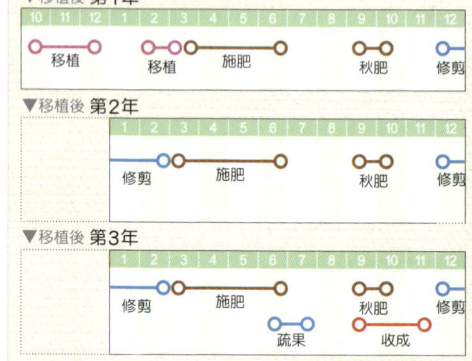

10月中旬～12月中旬是最適合移植的時期。選擇直徑 8 號盆～30cm 的 10 號盆中，2 年後要記得換盆到 10 號盆中。黑色樹根是柿樹的特徵，這種顏色來自柿子澀味來源的單寧，絕對不能枯萎。

樹高	冬季狀態	耐寒性	耐暑性
高	落葉	強	強

結果習性	自花結實性	葉果比
混合花芽 A	依品種而異	15 葉

● 柿子的管理・作業行程表

▼移植後 第1年
移植 — 移植 — 施肥 — 秋肥 — 修剪

▼移植後 第2年
修剪 — 施肥 — 秋肥 — 修剪

▼移植後 第3年
修剪 — 施肥 — 疏果 — 秋肥 — 收成 — 修剪

柿樹是在家庭果樹中很受歡迎的一種。栽種柿樹的第一點，就是選擇優質的樹苗。移植時如果選擇優質的樹苗，移植後第一年就會生生不息地長出新梢。選擇樹苗的要訣，就是根鬚多、節間短。

但如果運氣不好買到發育不良的樹苗，也不用太擔心。只要確實做好管理，隔年還是會長出新梢。

柿樹如果放置不管會長很大，必須進行縮短剪，基本上以 3 根主枝的樹形為主。在前一年生長出來且短於 1 公尺的枝條會著生花芽並開花，要以疏密為主進行修剪。

栽培重點

① 移植後第 1 年的生長狀況本來就會比較差，千萬不要忘記澆水。

② 進行摘蕾、摘花、疏果，確保每年穩定的收成量。

③ 小心蟲害的產生。

98

支柱

園藝用束帶

9 用束帶固定樹幹和支柱,避免樹根搖動。

10 移植完後要大量澆水,澆至水從盆器底流出來。

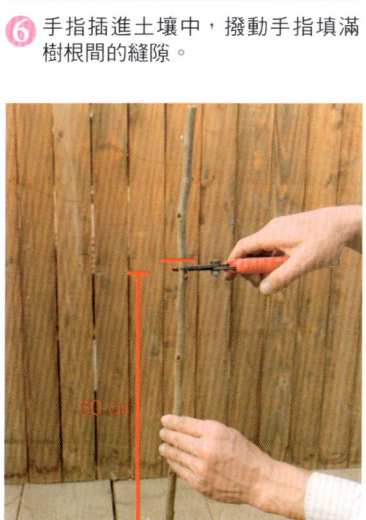

土壤添加至嫁接處的下方左右

6 手指插進土壤中,撥動手指填滿樹根間的縫隙。

7 將地面上的樹幹部分截短至 50cm 左右。

木工用接著劑

8 切口塗上白膠等木工用接著劑,預防乾燥或細菌藉雨水入侵。

After

3 整理完後的樹根。就算修剪到這個程度,也不會影響生長狀況。

嫁接膠帶

4 移植時如果沒有拆除嫁接膠帶,會對樹幹的生長造成損害。

5 將整理完的樹根放入盆器正中央後,再添足土壤。

用土是由市售培養土 70%+赤玉土 10%+川砂 20%混合而成

2 整枝修剪（第1～2年）

盆栽種植時，保留2～3根新梢做主枝。移植後第1年，地面上的枝幹不太成長，但到了第2年後就會變得很旺盛，所以第1年必須確實做好修剪和澆水管理。

移植後第1年的春天

發芽後2個月的樹苗。柿子的生長速度較緩慢，枝條的成長還看不太出來。

移植後第1年的冬天

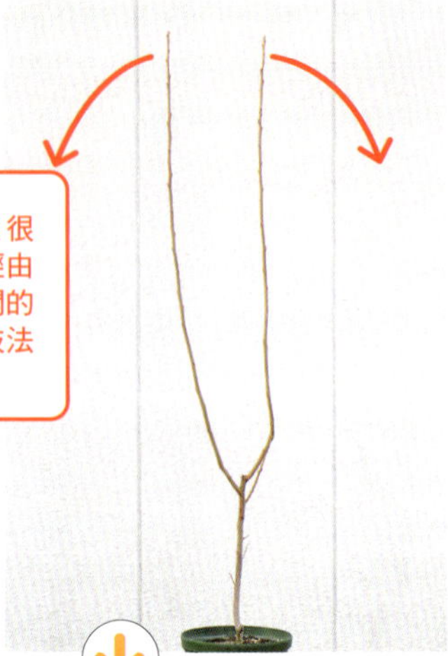

立支柱做誘引，讓向上生長的2根主枝分成60度角，以利於各主枝上側枝的生成。

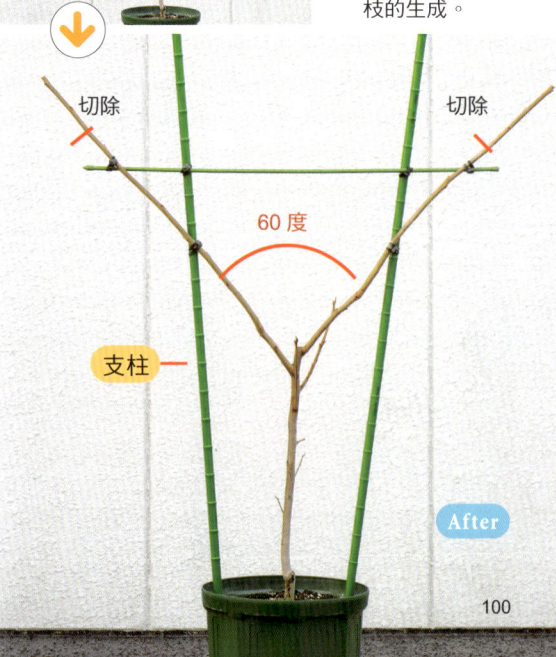

POINT!
柿子樹容易長很高，適合採取經由誘引讓主枝張開的開心自然型整枝法（→P13）。

移植後第2年的夏天

到第3年左右，截短樹枝前端促進新枝生長，切除輪生枝、內向枝、交叉枝、平行枝、下垂枝等不良枝。

移植後第3年後的夏天

和第2年的修剪作業一樣。移植第3年以後的樹，大約維持20片樹葉對1棵果實左右的比例。

切除　　切除

60度

支柱

After

3 結果習性

柿子樹會在前一年長出的樹枝前端和葉腋處（長出葉子的地方），長出同時具花芽葉芽的混合花和一般的葉芽。如果在修剪時切掉枝條的前端，就會開不了花。此外，柿子的雌花和雄花不會一起盛開。雖然很多品種不具雄花，但大部分的柿子不需授粉就能結果，所以只種一棵也沒問題。

花芽

POINT! 雄花很少的甜柿，可以和雄花多的「禪寺丸」或「正月」等品種一起混合種植。

4 疏摘果蕾‧疏果

摘蕾‧摘花

摘蕾作業會分數次進行，第1次摘蕾時，如果結果枝上有2朵花苞就留1朵，3朵就留1～2朵，4朵就留2朵，保留生長狀況良好的健康花蕾。

生長狀況較差的柿子會自然掉落，所以柿子的自然落果情形很多。如果想要每年穩定收成碩大果實，就不能輕忽摘蕾和疏果作業。

3朵花蕾

1朵花蕾

After

疏果

7月上旬，幼果開始變大。結果枝的成長趨緩時，正是疏果的好時機。疏果的比例大約是15～20片樹葉對1顆果實，或者1根結果枝對1顆果實左右。

5 冬季修剪

柿子樹頂端會結出包含花芽在內的混合芽，隨意切除可能會無法結果。但徒長枝和細短的樹枝上不會結出茂盛的花芽。可將結果母枝縮短至一半長度，隔年會再長出新枝。

樹枝的修剪

- 主枝前端若分岔時，只保留一根即可。
- 保留短果枝。
- 切除徒長枝。
- 截短樹枝前端（因為花芽會著生在樹枝前端，所以除非過於密集否則不需切除）。
- 切除剪刀狀的樹枝。
- 切除其中一根平行生長的樹枝。

移植後第 3 年的冬天

① 太長的枝條（徒長枝）上不會開花，需從 1/3 的地方做縮短。如果樹枝太粗，影響到其他枝條生長，也要進行切除。

疏密

② 先疏密切除不需要的枝條，再進行縮短修剪，可以節省多餘的作業。

縮短

POINT! 縮短修剪時要從節間上切除，小心不要傷到節間的新芽。

After

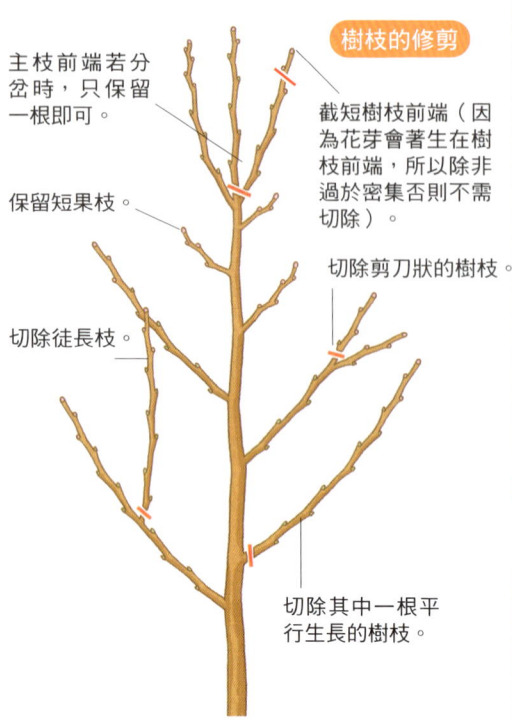

好康情報 果樹の常識 — 利用酒精挑戰脫澀法

澀柿子如果不經過脫澀處理，就無法直接食用。但只要經過脫澀，柿子的甜度就會大幅提升，甚至超過甜柿。快來挑戰看看自己進行脫澀吧！

採收下來後，趁柿子蒂頭尚未乾涸前裝入塑膠袋，再加入酒精和乾冰。雖然還是要照品種做調整，但大約是 5 kg 柿子對 50 cc 酒精（酒精濃度 35 度）和 50 g 乾冰的比例。乾冰要用報紙包起來，以免直接碰觸到水果。倒入塑膠袋密封後，放置 1～2 周，脫澀作業就大功告成。

乾冰　酒精

102

6 收穫

雖然會因品種不同有些差異，但柿子的收成期大約是在9月初旬到11月下旬。果實熟成後就要立即採收，否則果樹就會繼續輸送養分給果實，造成果樹營養不良而衰弱，影響到隔年的結果狀態（隔年結果）。利用剪刀採收時，小心不要傷到果樹。

{ 推薦的品種 ── 柿子 }

丹麗
鮮豔的紅葉，樹葉的價值大於果實，常被當作庭院樹木栽種。

太秋
果實極大的高級甜柿。水分豐富、鮮甜可口是其特徵。肉質清爽柔軟。具自花結實性。

早秋
早生種的甜柿。果實大粒形狀扁平，保存時間長。只會開出雌花。容易感染炭疽病，必須小心預防。

西條
澀柿子。長型的果實周圍有4條凹痕。適合脫澀後食用或做成柿餅。味道醇厚甘美。

太天
澀柿子。和「富有」的收成期一致或稍早。果實大粒，甜度約為17度左右。果肉肉質稍粗，但熟成後就會變得綿密細緻。多汁且味甜。

富有
日本甜柿的代表，自然落果少的豐產品種。適合栽培的區域較廣。生長趨勢稍強，對炭疽病的抵抗力較弱。

栗子

[殼斗科栗屬
日本・中國原產]

樹高	冬季狀態	耐寒性	耐暑性
高	落葉	強	強

結果習性	自花結實性	葉果比
混合花芽A	需混植	15葉

栗子的管理・作業行程表

▼移植後 第1年

10	11	12	1	2	3	4	5	6	7	8	9	10	11	12
					移植——移植			施肥					秋肥 修剪	

▼移植後 第2年

1	2	3	4	5	6	7	8	9	10	11	12
修剪				施肥					秋肥	修剪	

▼移植後 第3年

1	2	3	4	5	6	7	8	9	10	11	12
修剪				施肥					秋肥	修剪	
								收穫			

1 移植

裏根苗木

① 選擇根鬚茂密的樹苗，如右圖般拆除包裹樹根的外包裝。

② 如果不清除樹根上的水苔或泥炭土，容易造成樹根腐爛，所以最好清除乾淨。

POINT!
樹根如果呈乾燥狀態，就得先浸泡在水中一個晚上，等樹根徹底吸收水分後再做移植。

從11月中旬開始，排除嚴寒時期，到隔年3月下旬間，都是適合移植的時期。栗樹的樹苗非常不耐旱，所以購買完樹苗後要立刻移植。選擇直徑24cm～30cm的深底盆器。

栗樹的結果狀態不太安定，需要混合種植。如果可以一次栽種早生、中生、晚生3種品種，結果性就會很強。種植中國栗這種富糯性（黏黏稠稠的口感）且糖度高的品種，或是澀皮易剝的板栗等，可以增加收成後的樂趣。

栗樹很高，如果不做適當修剪，很容易長到徒手勾不到的高度。移植時務必要做縮短修剪，栽培時以3根主枝為主。雖然基本上來說是耐寒的樹種，但因為是種植在盆栽中，所以還是要小心冬季的乾燥和霜害，就算是高大的栗樹也有可能因此枯萎。不論冬夏都必須謹慎看待澆水作業。

日照充足是種植栗樹的必要條件。如果照不到足夠的陽光，不只是枝幹，整棵樹都有可能枯死。此外，也要避免枝葉過密，阻礙到陽光，必確實進行疏剪，讓陽光能穿透樹冠各處。

栽培重點

❶ 最重要的一點，就是要放在日照充足的地方，選用避免枝葉過度茂密的開心自然型整枝法。

❷ 混合種植3種品種以上，才能確保順利授粉。

❸ 早春缺水會導致栗樹枯死，必須密切注意。

③ 確實拆除嫁接膠帶,以免影響樹木生長。

嫁接膠帶

POINT!
用剪刀深入樹根中切除根鬚,雖然會覺得有點可惜,但這些根鬚若不適當切除,有時反而會造成腐爛。

④ 按照盆器大小修剪樹根,稍微減得短一點,可以促進樹根之後的成長。

⑤ 嫁接苗木從40～50cm左右的地方切除。這個作業也可以移植完再進行。

POINT!
如果不確實進行縮短修剪,長出來的新梢就會很細,不易著生雌花。

⑥ 切口塗上白膠等木工用接著劑,避免細菌感染或乾燥枯萎。

木工用接著劑

⑦ 盆器倒進用土約1/3處後,樹根放進盆器中央。

束帶

⑧ 用土添加完畢後,用手指插入土壤確保樹根與土壤密合。再架立支柱,用束帶固定。

⑨ 最後大量澆水至水從盆器底部流出即可。

After

105

2 整枝修剪

因為生長的速度快，如果疏於照顧，筆直的主幹上就會長出茂密的枝葉，造成果樹中心極度缺乏日照。沒有充分照到陽光的枝條上不但不會著生花芽，還有可能會枯死。趁冬季將交錯密集的側枝和老化的結果母枝做好疏枝，確保樹冠內也能長出良好的結果母枝。

移植後第 3 年的冬天

冬天的管理作業主要就是疏密，確保日照充足。此外，將 50cm 以上的枝幹截短，維持簡潔的樹形。

> 會結出果實的枝條前端不須修整。

POINT!
日照不良的枝條幾乎開不出雌花，也無法結果。所以務必在冬季時做好修剪，確保日照條件。

After

移植後第 1 年的春～夏

發芽後 2 個月的狀態。保留 2～3 根筆直的新梢，其餘切除。

After

移植後第 1 年的冬天

殘留的 3 根主枝中，生長最好的 1 枝當作主幹，其餘 2 根的前端截短。換更長的支柱，並對要當主幹的主枝做誘引。

支柱

1/3
1/3

After

106

3 結果習性

前1年長出的枝幹上會萌發混合花芽，等到春天長成結果枝後，會在結果枝前端2～3節處長出花穗。

初夏時，新梢前端2～3節會結出花穗。花穗大部分會開出雄花。

雄花

雌花
花穗基部的1～2朵花為雌花。

幼果
8月左右的幼果，刺殼中約有1～3顆栗子。

4 收穫

收成時只要撿拾自然掉落在地面的果實，再從刺殼中取出栗子即可。弄濕刺殼後用報紙包起來放個半天左右，刺殼就會變柔軟，此時只要輕輕踩一踩，就可以輕鬆取出栗子。放在冰箱裡冷藏2個禮拜，栗子中的澱粉就會轉化成糖分，變得更好吃。

｛ 推薦的品種 ── 栗子 ｝

高見甘早生
中國栗系統的早生品種。具自花結實性，對疾病的抵抗力強，容易栽培，且收成量安定。果實具糯性、甜味高。

Porotan（日本新品種）
澀皮易剝的大粒品種。但澀皮難以直接剝除，必須先用微波爐稍微加熱。甜度高，味道好。

中國栗
又名天津栗，在家庭栽培中極具人氣。需要小心板栗癭蜂造成的蟲害。因澀皮易剝度和高品質的味道而十分受到喜愛。

棗

[鼠李科棗屬 中國北部原產]

1 移植

除了嚴冬和盛夏時期外，棗樹幾乎全年都適合移植，但如果使用裸根苗，就只能在落葉時期移植。實生栽種從播種到結果需要花很長的時間，建議選擇嫁接苗木，還能清楚分辨種類。雖然最好選擇直徑30cm的盆器，但也可以先移到直徑24cm的10號盆以上的盆中，2年後再做換盆。

① 一般來說棗樹樹苗都是嫁接或扦插。雖然沒有根鬚也能存活，但最好還是挑選根鬚多的樹苗。

根鬚茂密的樹苗

POINT!
樹根前端若為黑色，要用剪刀剪至露出白色部分為止。

② 前端斷裂或凹折到的樹根，全都做縮短修剪切除乾淨。

棗樹特徵

樹高	冬季狀態	耐寒性	耐暑性
高	落葉	強	強

結果習性	自花結實性	葉果比
混合花芽A	具結實性	不影響

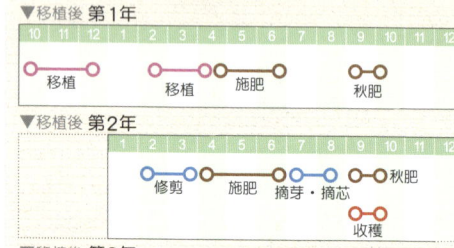

● 棗的管理・作業行程表

▼移植後 第1年
移植　移植　施肥　秋肥

▼移植後 第2年
修剪　施肥　摘芽・摘芯　秋肥　收穫

▼移植後 第3年
修剪　施肥　摘芽・摘芯　秋肥　收穫

棗樹耐寒又耐暑，是非常強健的果樹。栽培時需要大量的養分，還要嚴防土壤乾燥。因為幾乎沒有什麼病蟲害，所以只要掌握以上要點，就可以輕鬆栽培。

剛移植完那年，地面上樹幹的成長會很緩慢，長出很多細枝。但到隔年就會開始長出數枝直挺健壯的枝條來。

如果不希望果樹長得太高，就要將向上生長的樹枝誘引向下，抑制其生長，又或者在梅雨時期進行縮短修剪作業。

雖然不需要人工授粉也可以結果，但當花朵盛開的時期，還是可以輕輕摩擦花蕊授粉，藉以提升結果的安定性。

栽培重點

❶ 從幼木時期就開始培育2～3根主枝，小心抑制樹高。

❷ 種植在盆栽中時，樹根較不易扎根，但只要注意不缺少水分即可。

❸ 小心不要錯過收成的時機。

108

⑥ 立支柱並固定，避免樹苗傾倒或移動。

④ 直接移植到定植的盆器中也無妨，但要先在底部倒扣一個小素燒盆，一方面增加透氣性，另一方面還能對抗夏季暑熱。

③ 在移植前（移植後亦可）將樹幹截短至 40cm 左右。切口處會長出分枝，藉以打造精簡的樹形。

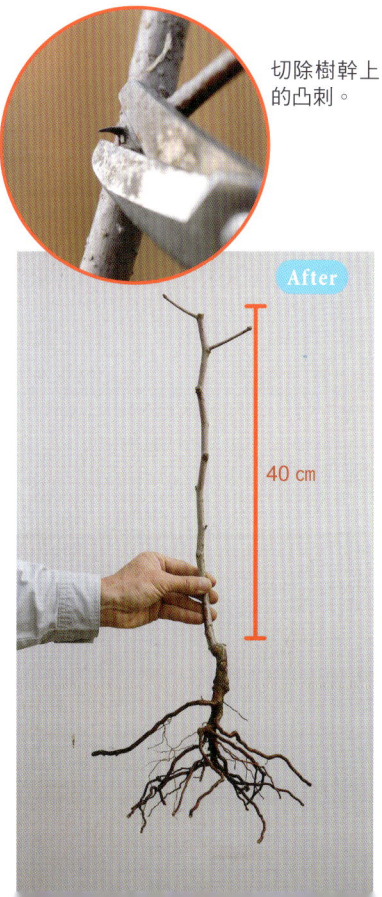

切除樹幹上的凸刺。

After

40 cm

⑦ 移植完後大量澆水，直到水從盆器底部流出。

⑤ 倒入用土至盆器的 1/3 處，再將樹苗放至盆器正中央。補足用土後，手指插入土壤中，密合未填入土壤的樹根縫間。

想要知道的 果樹の常識

棗的不同品系與多元用途

棗樹的品種繁多，在中國大陸、韓國、日本、中東地區、歐洲、美洲等地都有栽培。果實顏色會從淡綠色變到咖啡色，外型從圓形到橢圓形甚至葫蘆形都有。它的營養豐富，可以鮮食，也能用來製藥、做成果乾或釀酒等。

109

2 整枝修剪

移植後第1年，地面上的樹幹部分幾乎沒有成長，但到第2年就會旺盛地長出新梢，此時必須選出做為主枝的3根新梢，並仔細考量養分的分配狀況。

移植後第1年的春天

留下3根主枝，其餘皆切除。如果不想要果樹長太高，就要進行縮短剪。

移植後第2年的2年生樹苗。盡量維持精簡的樹形。

移植後第2年的冬天

落葉後，觀察3根主枝是否呈平衡狀態，如果彼此間的角度小於60度，就要立支柱做誘引，分開樹枝。主枝上的側枝若過於密集，就要做修剪來疏密。

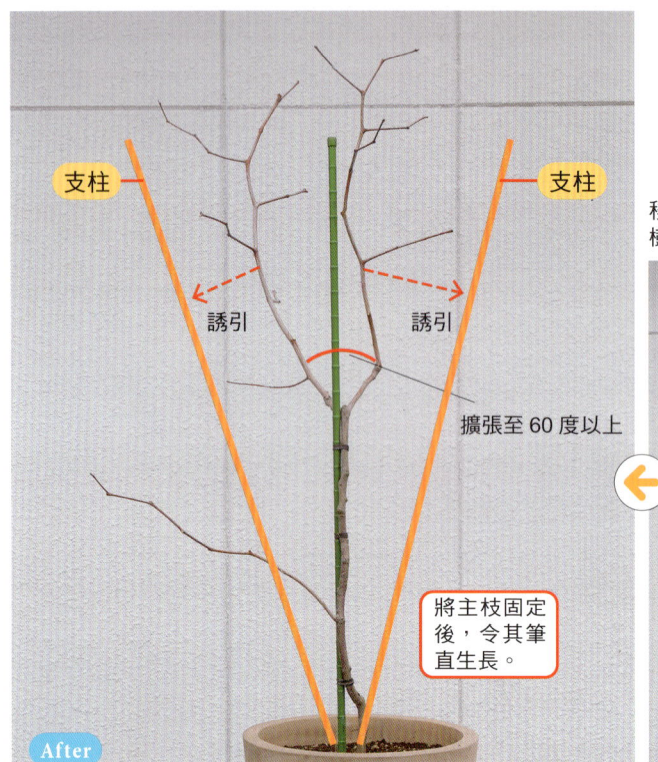

移植時未做過多的修剪，幾乎任其自由生長之下，樹形會顯得雜亂，必須切除多餘的枝幹。

支柱　誘引　誘引　支柱
擴張至60度以上
將主枝固定後，令其筆直生長。
After

切除下垂枝 　　**切除交叉枝** 　　**切除平行枝**

110

3 開花結果

棗樹的花會開在春天長出來的新梢基部葉腋處，大約會開3～4朵，其中一半會結成果實。果樹的生長速度如果太快，新梢太快成長，就不易著生花芽，結果的量就會減少。

花

① 6月左右，前一年枝條前端長出來的新梢基部，以及小枝的前端，會成串開出10朵左右的花。

② 基本上種一棵就可以靠蜜蜂等昆蟲授粉而結果，但有些品種還是需要人工授粉，購買時務必確認清楚。

③ 栽種大粒品種時，樹枝會因果實的重量而下垂，必須做支柱將其誘引向上。

誘引

左邊較大顆的是中國品種，右邊是日本品種。

4 收穫

淡綠色果皮染上淡褐色後，一直到整顆果實呈咖啡色為止，都是收成的期間。可以直接生食不需剝皮，甜味越嚼越強烈。乾燥過後的棗子，可以浸泡酒精或糖漿。

{ 推薦的品種—棗 }

中國大棗
幼木時期有尖刺，長大後則無。果實大，甜味強，生長相當旺盛。

日本棗
果樹多刺，採收時要格外小心。

石榴

[石榴科石榴屬
小亞細亞、印度原產]

樹高	冬季狀態	耐寒性	耐暑性
高	落葉	中	強

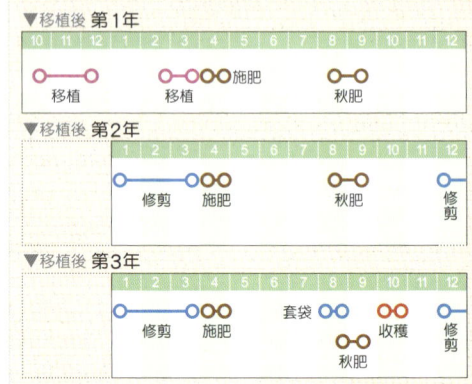

結果習性	自花結實性	葉果比
混合花芽B	具結實性	15葉

● 石榴的管理・作業行程表

▼移植後 第1年

10	11	12	1	2	3	4	5	6	7	8	9
移植				移植		施肥			秋肥		

▼移植後 第2年

1	2	3	4	5	6	7	8	9	10	11	12
修剪		施肥					秋肥				修剪

▼移植後 第3年

1	2	3	4	5	6	7	8	9	10	11	12
修剪		施肥				套袋	秋肥	收穫			修剪

1 移植

10月下旬～12月中旬、2月下旬～3月下旬都很適合移植。如果是購買容器苗，只要避開嚴冬和盛夏，其餘時間皆可移植。依照樹苗的大小，挑選18cm的6號～24cm的8號間的盆器。

❶ 石榴的樹苗常有很多分枝，但根鬚少根量也不多。和其他果樹的樹苗一樣，配合盆器大小決定切除的部分。

❷ 在盆器中央放上樹苗後，加入用土。兩手手指插入土壤內，將樹根間的縫隙填上土壤。

只要避免霜害，幾乎各地都能種植。開花期差不多和梅雨季重疊，因此要小心防雨。只要善加管理就能結出很多果實。雖然具自花結實性，但如果在花開後用毛筆進行人工授粉，可增加更高的結實率。

石榴分為觀賞和食用兩大類，購買樹苗時要仔細確認，不要買到觀賞用品種。石榴花會開在前年長出的新梢前端葉腋處，修剪時不要誤剪到花芽，只要替過於密集的枝葉做疏密即可。

石榴熟成後會出現裂果的情形。有些進口的石榴又大又不會裂開，並不是因為品種的關係，而是生長環境不同，尤其是秋冬的氣溫差異影響甚大。如果可以維持夜晚溫度高於20度的環境，就能種出不裂開的石榴。

栽培重點

❶ 摘芯會造成花芽無法著生，以疏密為主做修剪即可。

❷ 尖刺沒有作用，盡早切除。

❸ 注意不要讓蟲子鑽進樹幹內，如發現食害要立即驅除。

④ 架設支柱並用束帶固定，避免樹苗倒塌或移動。

支柱

從土面上40cm左右的地方做截短。

⑤ 移植完後，大量澆水至水從盆器底部流出。

③ 主枝從土面上40cm處截短。切除分蘗枝和不需要的枝條。

移植後第1年的夏天 ← …………… 移植後

截短主枝後的樹苗

主枝未做縮短修剪就移植的樹苗

主枝未做縮短修剪就移植的樹苗

截短主枝後的樹苗

POINT!

重要！

移植完後的縮短剪

右圖為未經過縮短修剪直接移植的樹苗，以及縮短修剪至40cm的樹苗。兩相比較之下可以看到，未經截短的樹苗，主枝和側枝的生長明顯不均，樹形看起來雜亂無章。相較之下，截短過後的樹苗不但主枝、側枝的成長平均，樹形也顯得完整精簡。雖然乍看之下，果樹的高度好像差很多，但只要到了落葉期，截短過後的果樹就會成長到差不多的高度。從這一點看來，不只是石榴，幾乎所有的果樹在進行移植時，最好都能進行縮短剪。

2 結果習性

前一年長出的枝條前端，和其下方2〜3節處，會萌發花芽（混合芽）。從花芽長出的新梢前端花並結果。葉芽長出的新梢雖然不會開花，但會成為隔年的結果枝。

新梢前端會開花

果實著生的方法

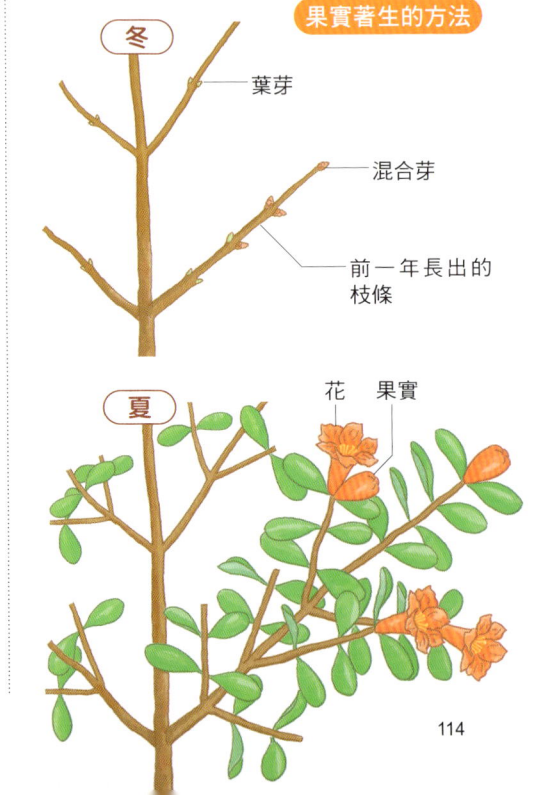

冬
- 葉芽
- 混合芽
- 前一年長出的枝條

夏
- 花
- 果實

3 修剪

冬季修剪
多餘的徒長枝會讓樹形顯得雜亂，需要常常修整過於密集的枝葉或徒長枝，才能維持乾淨的樹形。

POINT!
土壤表面會旺盛地長出分蘗枝，一發現就要予以切除。

要隨時注意不要讓果樹長太高，只留2〜3根的主枝。因為果樹很容易長出徒長枝或細枝，造成樹形雜亂，所以每年結果後都要進行疏密或縮短樹冠。

支柱

After

如果有多根主枝同時向上生長，就會造成樹枝交錯複雜，影響通風。必須架立支柱做誘引，將主枝們彼此分開，才不會造成過於密集的情形。

4 收穫

10月上旬〜下旬是收成期。石榴的果實熟成後會裂開，這時候果實很容易淋到雨就腐爛，所以最好在裂開前就採收完成。又或者是在果實裂開前先用塑膠袋套住，就可以不用擔心淋雨，安心地等待果實熟成時刻。

巨大的石榴品種「Wonderful」可以直接生食，也可以做成水果酒或果汁。

114

使用現採的新鮮水果

家庭同樂鮮果料理 ①

杉本明美〔料理研究家〕

喜愛的水果

新鮮水果切盤

光是在盤子裡擺上色彩鮮艷的當季水果，豪華感就立刻躍升。

● **材料**
蘋果、葡萄柚、奇異果、木瓜、藍莓

● **漂亮的切法**
▶ 蘋果切薄片，稍微浸泡鹽水。
▶ 葡萄柚剝皮後，刀子輕劃入瓣膜內，將葡萄柚切成瓣狀。
▶ 奇異果去皮後直切成半，再切片。
▶ 木瓜對半切，取出種子後用挖球器挖成球狀。

芬芳撲鼻果香茶

享受隨著浸泡時間產生的味道變化，沉浸在水果美妙的滋味中吧！

● **材料（4人份）**
紅茶……6茶匙
熱水……1000cc
蘋果……1/2顆
柳丁片……5片
葡萄（巨峰）……5顆
哈密瓜……切片5片
奇異果……切片3片
檸檬片……1～2片

● **作法**
1. 除了檸檬片外的當季水果，切一切放進熱水壺中。
2. 沖泡好紅茶後，也倒入熱水壺中。加熱，最後再加入檸檬片。

家庭同樂 鮮果料理 ❷

使用現採的新鮮水果

色彩繽紛的糖漬水果

自家製的鮮度滿分糖漬水果

● 材料
選擇喜歡的水果，去除皮跟籽……500g
砂糖……100～250g（依照水果甜度做調整）
檸檬汁……1～2大匙

● 作法
1. 葡萄洗乾淨後一顆顆剝下來，去皮去籽。
   無花果洗乾淨後，連皮切大塊。
   桃子、梨子洗乾淨後剝皮去籽，切塊。
2. 加入果肉量的20～50％的糖和檸檬汁，與果肉一起煮到喜好的濃稠度即可。

※剝下來的葡萄皮，用乾淨的紗布包著一起煮，就會染出漂亮的葡萄色。

從左邊開始，依序是無花果、葡萄、桃子（白桃）、梨子、櫻桃

鹽漬橄欖・檸檬皮

只要在鹽漬橄欖上，淋上橄欖油再撒上檸檬皮，就會變得更好吃哦！

● 材料
橄欖……適量　橄欖油……適量　檸檬皮……適量

● 鹽漬橄欖的做法
1. 將橄欖浸泡在1.8％的氫氧化鈉液體中8～12小時去澀。液體和橄欖的比例是1：1。
2. 充分浸泡後用水沖洗2、3次，之後每浸泡30分鐘清洗一次。反覆數次後，連續浸泡數小時再換水重新浸泡，直到數天後水不再變色為止。
3. 確定清洗乾淨後，將果實浸泡至2～3％的鹽水中。2天後再換新的鹽水重新浸泡，10天之後就大功告成。
4. 食用前先用清水浸泡去鹽。

※氫氧化鈉勿碰觸到皮膚。
　請使用塑膠或玻璃容器，勿使用金屬製容器。

（擷取自小豆橄欖研究中心「橄欖的五花八門」）

藤蔓類果樹與樹莓類

葡萄雖然和奇異果一樣屬於落葉果樹，但藤蔓狀的發育枝無法單靠自己支撐，須用棚架或支柱替藤蔓做誘引，在其攀爬時想辦法固定。有些樹莓類果樹也屬於藤蔓類，像覆盆莓或黑莓等就必須要立支柱，但藍莓和蔓越莓這種具站立性的果樹就不需要。

葡萄

葡萄科葡萄屬

中亞到地中海沿岸原產

1 移植

12月中旬～3月中旬適合移植作業。移植到24cm的8號～30cm的10號盆中。在一般培養用土中以8比2的比例加入川砂混合，增加排水性。

根鬚多的優質苗木

❶ 挑選根鬚多且生長狀況良好的苗木。

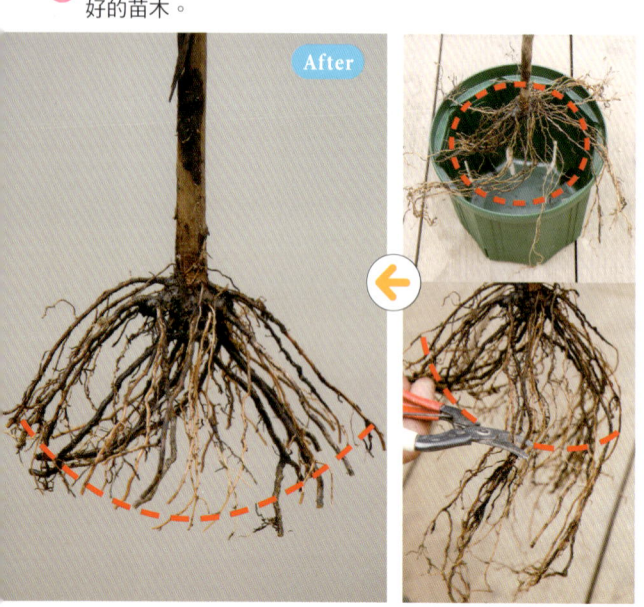

After

❷ 好的苗木會有很多根鬚，移植前要適當疏密這些過於茂密的根鬚。如圖中所示，配合盆器大小做修整。

樹高	冬季狀態	耐寒性	耐暑性
藤蔓	落葉	強	強

結果習性	自花結實性	葉果比
混合花芽B	具結實性	10～15葉

葡萄的管理・作業行程表

▼移植後 第1年
移植　施肥　秋肥　修剪

▼移植後 第2年
修剪・誘引　施肥　秋肥　修剪
　　　摘芽　新梢誘引

▼移植後 第3年
修剪・誘引　施肥　秋肥　修剪
　　　摘芽　新梢誘引　收穫

栽培葡萄前，要先決定樹形，再來挑選盆器的大小和形狀。種在小盆器時要移動不成問題，但等換盆到大盆器後，包含棚架在內，移動並不是件容易的事。

螺旋狀整枝法雖然看起來很簡單，但隨著果樹越長越大，樹枝的管理也會越來越複雜，不易做誘引。建議使用格子狀整枝法，收成的時候會比較輕鬆。

葡萄的樹根生長旺盛，移植三年後，每二年就要進行一次換土或換盆。除此之外，葡萄非常不耐雨，如果種在小盆器裡，下雨時就可以搬到躲雨的地方，如果無法避免全體都不淋到雨，至少也要替果實套袋。

大粒果實的葡萄品種，就算開花也無法穩定結果，因此可使用勃激素（→P47），能有效增加結果的安定性。

栽培重點

❶ 大粒果實的品種不耐雨，因此必須小心防雨。

❷ 確實做誘引，清楚了解結果枝的生成位置。

❸ 卷鬚無用處，直接切除即可。

118

支柱

束帶

7 架設支柱做誘引，以免果樹受風吹傾倒。

8 移植完後，大量澆水至水從盆器底部流出。

6 嫁接苗木的部分需從 40cm 的地方切除。

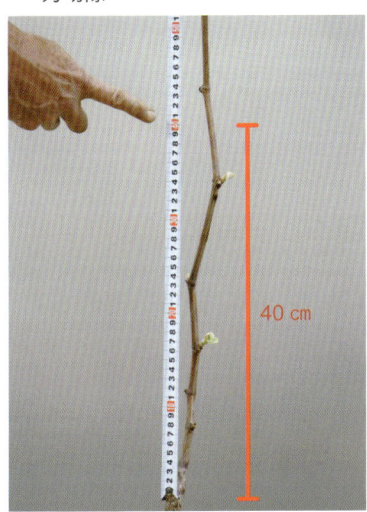

40 cm

切口塗上白膠等木工用接著劑，避免細菌隨雨水入侵，還能防止樹枝乾燥枯竭。

3 培養土倒入盆器深度 1/3 的位置。

平均鋪開樹根

4 苗木放在盆器中央，樹根平均鋪平。

5 填滿培養土後，將兩手手指插進盆底，補滿樹根之間未填到土的縫隙。

STEP UP 栽培知識

利用田中的土壤，挑選盆栽栽培時的苗木

長期栽種葡萄的土地上，很可能潛藏著葡萄的大敵——根瘤蚜蟲。所以若要在該土地上再栽種葡萄，最好選擇嫁接苗木，台木才會對這種蟲具抵抗力，就算是盆栽種植，也是嫁接苗木比較令人安心。但如果使用市售的培養土，就沒有這層疑慮。

2 打造樹形

葡萄的樹形，可以架立燈籠架或支柱來打造。但此處要介紹的，是利用垂直的格子狀棚架來進行的整枝法。2段式棚架，代表移植後花2年時間，讓和地面並行的主幹樹枝能向左右生長、結果的整枝方式。每一段棚架代表1年，如果架設3段棚架，就代表要花費3年時間來打造平行枝。

格子狀整枝法

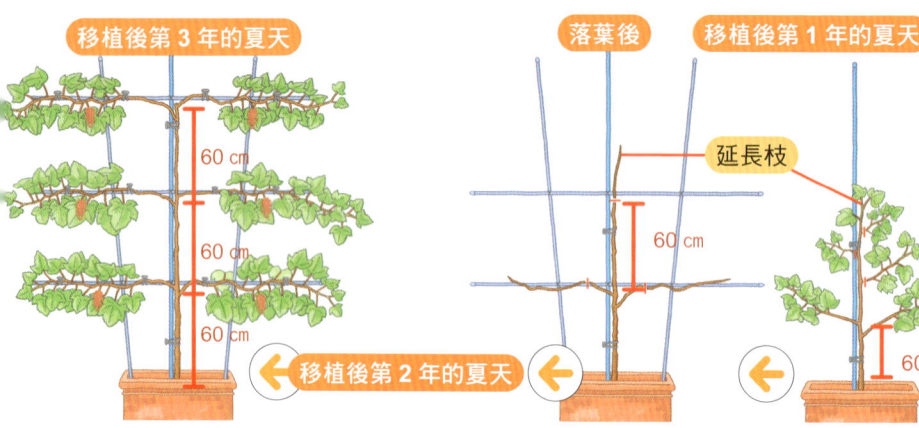

利用市售格子狀棚架替樹枝做誘引的照片。不管從哪長出側枝都能輕鬆地做誘引，十分方便。

架設支柱替樹枝做誘引的格子狀整枝法。就算栽種的空間狹窄，也能打造出簡潔的樹形。

移植後第3年的夏天

60 cm / 60 cm / 60 cm

第3年和1、2年時一樣，保留延長枝60cm處的左右各一新梢，作為第3段的主枝。唯一不同的地方，是第3年的主幹延長枝需做摘芯。

移植後第2年的夏天

第2年和第1年一樣進行縮短修剪。第1段往上60cm處長出的新梢，保留左右各一當作第2段的主枝，主幹延長枝則從第1段主枝基部往上60cm的地方截短，其餘樹枝悉數切除。

落葉後

60 cm

落葉後，保留的3根樹枝需做縮短修剪。2根主枝從第2節間處切除，主幹的延長枝則從樹枝基部往上60cm左右的地方切除。

移植後第1年的夏天

延長枝 / 60 cm / 60 cm

保留土表上60cm處的左右各一新梢，以及主幹上筆直長出來的延長枝，合計3根樹枝，其餘皆切除。

STEP UP 栽培知識

摘芽的方法

移植後幾個禮拜，各節間就會長出很多新芽，保留其中2〜3芽，其他全部摘除。這樣一來才可以讓養分集中，促進生長旺盛。

副芽 / 主芽 / 副芽

只保留主芽，副芽通通摘除。

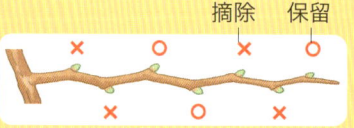

摘芽的方法

摘除 / 保留

摘除一開始的2芽，保留接下來的2芽。維持這個摘2留2的規律。

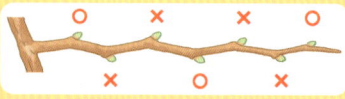

保留一開始的1芽，摘除後方2芽。維持這個留1摘2的規律。

120

移植後第 3 年的冬天

縮短主枝，只需保留 2～3 芽

After

POINT!
樹枝盡量不要超出盆器的寬度。每年冬天截短樹枝至 2～3 芽。

左右生長的 3 段主枝上會長出結果枝、花芽，並結出果實。每年落葉後都截短主枝至 2～3 芽。

移植後第 3 年的夏天

第 3 年
第 2 年
第 1 年

在第 3 年打造好 3 段左右平行枝的完成圖。每年保留 2～3 芽、進行縮短修剪，藉以維持果樹大小。

3 冬季修剪

迎接落葉期後，果樹就邁入了休眠時期，可以利用 11 月到隔年 2 月這段期間做修剪。希望隔年能夠繼續伸長的樹枝就從茂密生長處的前方切除。還不打算任其伸長的樹枝，全部從第 2 芽的地方做縮短。

STEP UP 栽培知識

藤蔓的整理

藤蔓是葡萄能夠在自然界中生存下去的重要因素，但以盆栽栽培來說，藤蔓沒有實質的作用，最好盡早切除。因為藤蔓會吸收大量的養分，如果不去除，將會阻礙到其他樹枝的生長。

藤蔓的生長需要大量養分，如果不切除，養分就會難以輸送到重要的新芽和花。

After

藤蔓

藤蔓

4 花穗整理（整穗）

葡萄的花房是由數千朵小花顆粒組成，每段支梗稱為「穗」。如果不做整穗，果實會在很小的時候就停止生長。為此，必須在花蕾時期就將花穗切短整形，確保開花後能夠獲得足夠的養分。

花房各部位的名稱與整形

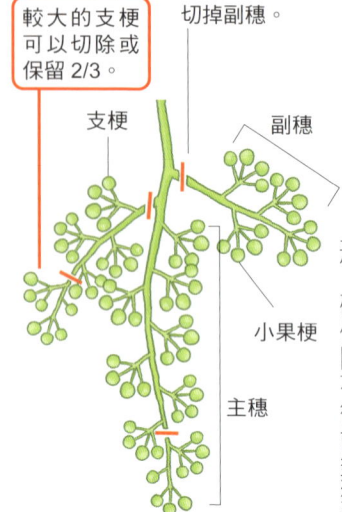

- 較大的支梗可以切除或保留 2/3。
- 切掉副穗。
- 支梗
- 副穗
- 小果梗
- 主穗
- 切除前方 1/3

❶ 視落花後的結果狀態調整整理作業。花房很大的就從副穗開始切除。

❷ 再切除花穗前端 1/3。這樣一來就可以大幅改善果實的著生狀態。

POINT! 這種方法適合用在家庭栽培。葡萄農通常會只保留花穗前端 5cm，其餘全部切除。

5 摘房

❶ 花房如果過於密集，就無法長成可口的果實，也難以熟成。

❷ 每根樹枝上只保留一串花房，其餘從樹枝根部切除。

❸ 切除花房前端 1/3。

雖然已經整過穗，但等開花結果後，還是需要進行摘房。幼果聚集的地方叫做支梗，用尖銳的剪刀剪掉支梗前端，每串花穗保留 10 根支梗左右。

POINT! 維持 1 串子房，至少需要 10 片葉子。

After

STEP UP 栽培知識

疾病？蟲卵？莖葉上的顆粒真面目

乍看下以為是「蟲卵」的珍珠色小顆粒，被稱為真珠腺，又叫做粒毛。主要出現在新梢上，是葡萄樹內分泌出的獨特物質，並不是蟲害，對葡萄的生長也沒有影響，不需要在意。

7 套袋・套傘

葡萄淋雨容易產生疾病，所以摘房、摘粒作業結束後，就要進行套袋或套傘。套袋除了可以預防疾病外，還能避免害蟲或鳥類的侵襲，也比較不會受到農藥的傷害。套傘不只可以防雨，還能遮掩強烈的陽光。

套傘的方法

① 準備附切除線的正方形專用紙。市面上還有販售做過防水加工的種類。

② 將子房從切口處套進去，整體包覆起來後，用釘書機固定。

POINT!
套傘時盡量不要碰到葡萄本身。

6 摘粒

果實的疏密作業。需要進行摘粒疏密果實，才能讓果實長成期望的大小，也可以說是花房的整形（整房）。尤其像「巨峰」這種大粒的品種，務必要進行疏密，才能避免果實彼此擠壓，產生損傷。

① 從體型相對較小，或被圍繞在花房內側的果實開始摘除。

② 用剪刀剪除，小心不要傷到其他果實。

POINT!
必須遵守作業時間。落花後 2 周左右是最適合作業的時期，如果再晚一點果實就會長大，剪刀難以伸進子房內，就容易碰傷果實。

摘粒的方法

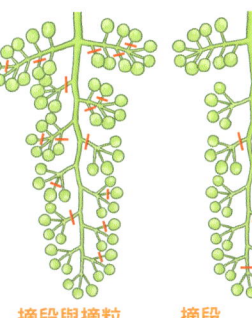

摘段與摘粒
同時使用兩種方法

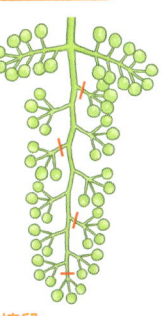

摘段
切除整段支梗

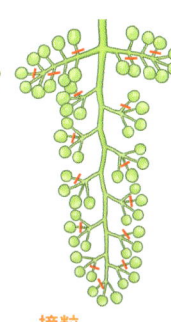

摘粒
一顆顆用剪刀剪除

8 收穫

記好栽種品種的收成期，等時間差不多的時候，從套袋底部稍微開個孔往裡面看，觀察葡萄的色澤或摘一粒下來吃吃看，以判斷採收的時間。葡萄會從子房的上面開始熟成，採收時間盡量在清晨或傍晚，避掉正中午的時刻。

9 盆栽的重整作業

移植 2 年後，樹根差不多已經塞滿整個盆器，需要換到更大的容器中。如果盆器很難以換盆，可以在土上開幾個洞，添加新的培養土一樣能達到重整的效果，而且還很輕鬆。

❷ 培養土倒入鑽好的洞中，再用長棒子推壓到盆栽底部。培養土選擇和移植時一樣的種類，可以添加 2 成左右的川砂以增加排水性。

（川砂）

POINT!
有些人可能擔心鑽洞時會弄斷樹根，但其實樹根和地上的樹幹等部位一樣，適度進行新陳代謝反而更有益。切斷的地方還會長出新的根，不需要過於擔心。

❸ 盆栽表面整體鋪上肥料，預防乾燥。大量澆水後就完成重整作業。

（堆肥）

❶ 在盆栽的土壤表面鑽洞，製造新根的生長空間。可以像照片中一樣，用電鑽輕鬆地挖洞。

124

{ 推薦的品種 ── 葡萄 }

貓眼

全黑的果實非常大顆，不論味道或品質都略勝巨峰一籌。近年來越來越多人栽種無籽貓眼葡萄。只要使用激勃素，就能去掉種子，而且收成量也穩定。

貝利 A

日本葡萄的代表。產量多、品質好、易著色，即使在溫度濕度皆高的地區也不易生病，非常容易種植。適合做成香醇的葡萄酒，也可以利用激勃素種出無籽葡萄。

龍寶

果粒巨大的品種。易結果、易著色，幾乎不會出現裂果，非常好栽培。果肉柔軟，甜度高。果皮很好剝，有一股美國葡萄的特殊香氣。

Queen Nina

由「安藝津20號」和「安藝津Queen」配種而成。果粒大、顏色鮮紅、味道佳、香味濃郁，肉質紮實但好咬。可進行無籽栽培，種植在溫暖地區也能夠著色。

香印青提子

甜度高，酸味、澀味低。多汁且肉質緊緻可口，具獨特的麝香葡萄香氣，可連皮吃。對病蟲害的抵抗力高、幾乎不會裂果、保存時限也長，是容易栽培的品種。

瀨戶巨人

別名為「桃太郎葡萄」。可連皮一起吃的品種，極受喜愛。肉質緊緻、酸味低。需要一定技術才能栽培而成。經過激勃素處理，可以種出無籽的高級種。保存時限較長。

藍莓

[杜鵑科越橘屬 北美原產]

樹高	冬季狀態	耐寒性	耐暑性
低	落葉	強	中

結果習性	自花結實性	葉果比
花芽A	需要授粉樹	沒有影響

● 藍莓的管理・作業行程表

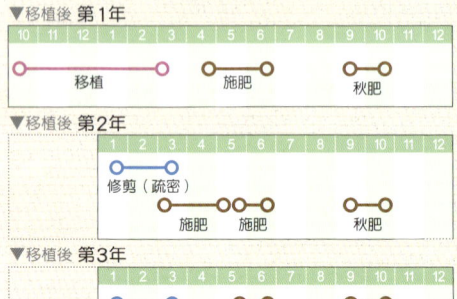

▼移植後 第1年

1	2	3	4	5	6	7	8	9	10	11	12

移植　　施肥　　秋肥

▼移植後 第2年

1	2	3	4	5	6	7	8	9	10	11	12

修剪（疏密）　施肥　施肥　秋肥

▼移植後 第3年

1	2	3	4	5	6	7	8	9	10	11	12

修剪（疏密）　施肥　秋肥　收穫

栽培重點

❶ 太在意土壤的PH值，栽種過程就會變得很艱難。只要用和其他果樹一樣的培養用土即可。

❷ 收成期較晚的品種比較不會受到梅雨季的影響，可以結出可口的果實。

1 移植

10月初旬～3月下旬間是適合移植的時期。藍莓雖然單種一棵也能結果，但因為自花結實性弱，最好還是混合栽種2種品種以上。土壤部分可以用5成市售培養土，混合3成鹿沼土和2成赤玉土。推薦使用橫長60～90cm的盆器。

較粗的新梢

❶ 需要2種以上不同品種才能確保授粉。選擇從根部長出青綠色且粗壯的新梢的苗木。

盆底有3個氣孔

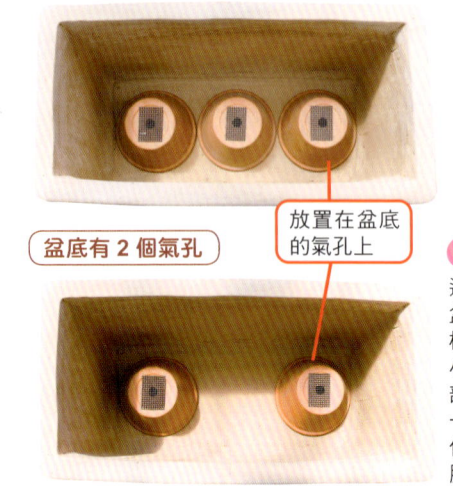

盆底有2個氣孔

放置在盆底的氣孔上

❷ 選擇寬度90cm的盆器，才能同時種植2棵苗木。倒扣小素燒盆在盆器底部氣孔上，雖然不一定要購買新品，但盡量避免使用塑膠製的小盆。

盆栽栽培要嚴防乾燥。特別是夏季的乾燥問題，會直接影響到果樹的生命，絕對不能少澆水。

開始結果後數年，樹枝就會逐漸老化，因此必須增加新枝。如果不適當地從樹枝根部做疏枝，促進新枝生長，收穫量就會減少。

雖然藍莓偏好酸性環境，但不須堅持使用酸性土壤，只要具有適度的排水和保水性即可，切勿過度使用酸性的泥炭土。

藍莓的收成期如果和梅雨季重疊，果實容易又大而無味，必須盡量避免淋到雨。家庭園藝的情況下，建議使用耐旱且對土壤要求不高的兔眼品系（→P129）做混植。

種植地的空間如果不夠寬敞，可以在一個較大的盆器中同時栽種2種不同品種的藍莓，既能達到混栽的效果，又能節省空間。

After

❸ 用剪刀剪短樹根老舊的前端部分，促進新陳代謝。此外，根團上每間隔 5cm 就切出 1cm 深長溝，可促進新根全方向生長。

舊根

用園藝鋸切出長溝。

❺ 移植前整理好的苗木。另一棵也用同樣的方式整理。

❽ 手指伸入盆器底部，確保土壤和樹根間沒有縫隙。

POINT!
一旦苗木乾燥後，就算移植完再澆水也很難吸收。先在水桶中滴 4～5 滴家用中性洗劑，可以提升吸水效果。

❹ 移植前先修整好乾枯或受傷的枝葉。太早開花會讓果樹變衰弱，所以苗木時期的花芽要全部摘除。

切除花芽

❾ 移植完後，大量澆水至水從盆器底部流出。

❻ 在進行移植作業前的期間，樹根的水分會逐漸流失。所以整理完後，要再一次浸泡在裝滿水的水桶中。

❼ 倒入培養土至盆器高度 1/3 處。2 棵苗木並排放在中央，以傾斜的角度栽種。

POINT!
以傾斜方式栽種，2 棵果樹才不會相互糾纏，而且長大後就會變得像同一棵樹一樣。

2 結果習性

花芽在4月左右會長出短短的枝條，結出5～10個花蕾。從基部開始開出鈴蘭般向下垂墜的壺型花。

生長旺盛的前一年枝條前端，以及前方2～3芽的地方，會著生花芽。等到春天，就會生成短短的花序，開出很多壺狀的花朵，並結成果實。至於該年結果的枝條，隔年就不會結出果實。

移植後第3年的春～夏

POINT!
通風差的環境，蓑衣蟲和介殼蟲就會出現，需要進行疏密、預防蟲害。

蓑衣蟲

老舊枝幹

每叢保留6～7根嫩枝，切除結果狀況差的老枝，促進果樹進行新陳代謝。

3 整枝修剪

移植後第3年的冬天

嫩枝

After

藍莓樹的修剪以疏枝為主，要修整過於密集的枝條即可。只若再三截短樹枝，反而可能結不出花芽來。而且幾乎沒有摘芯的必要。

保留從根部旺盛長出來的枝條，修整向內側生長的內側枝，維持良好的通風日照條件。

STEP UP 栽培知識

有著美麗紅葉的兔眼系品種

除了賞心悅目的花和令人垂涎的果實外，藍莓樹在秋季還能欣賞到美麗的紅葉，在觀賞用的庭園樹木中也十分有人氣。藍莓和常被當作樹籬的吊鐘花一樣屬於杜鵑科，也可以打造成樹籬的樣子。尤其是兔眼品系的藍莓，紅色的葉子非常引人入勝。

128

4 收穫

想要知道的 果樹の常識

藍莓的2種不同品系

藍莓大致上分成2種品系——高叢和兔眼，各品系中還可以再分成許多不同的品種。高叢品系偏好涼爽的地方，如果是高溫潮濕的環境，建議選擇兔眼品系。

不同品種的收成時間也不一樣，高叢品系約在6月上旬～9月中旬，兔眼品系則多在7月上旬～9月下旬，時間的分布範圍很廣。藍莓熟成後，輕輕拉就會自己掉下來。果實成熟的時間不一致，只要採收成熟的果實就好。

{ 推薦的品種 —— 藍莓 }

兔眼品系

梯芙藍 Tifblue 
兔眼品系中栽種範圍最廣的品種。樹勢強具直立性，花粉多且豐產。保存時限長，果皮呈亮藍色，熟成後遇雨容易裂果。

烏達德 
收穫初期的果實大而甜，但不耐運送，較適合現採農園或家庭栽培。成熟果實風味絕佳，果實著色後，必須耐心等待5天左右，酸度才會降低。

鄉鈴 
樹勢強具直立性。果實從小粒到中等大小皆有，收穫量多。易栽種，適合初學者。果實過熟後肉質會太軟，果皮容易裂開。

高叢品系

達柔 
長成的樹高約150～180cm，樹勢強、果實很大，花粉多且豐產。還沒成熟時酸度很高，但熟成後甜度變強，形成酸甜平衡的滋味。

柏克利 Berkley 
花粉多，果皮顏色亮，果實大粒、肉質較硬，裂果少。具香氣且酸味低，風味好、儲藏性佳。栽種時要選擇排水性佳的土壤。

藍豐 Bluecrop 
樹勢強具直立性。果實酸甜平衡、柔軟芳香。結果量多，必須進行適度的疏果。

黑莓・覆盆莓

[薔薇科樹莓屬 歐洲、非洲、西亞、南北美原產]

黑莓

覆盆莓

樹高	冬季狀態	耐寒性	耐暑性
藤蔓	落葉	強	強

結果習性	自花結實性	葉果比
混合花芽B	具結實性	沒有影響

● 黑莓・覆盆莓的管理・作業行程表

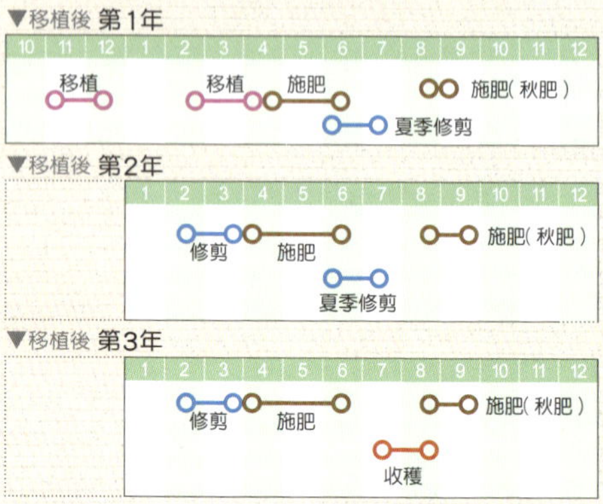

▼移植後 第1年
移植 / 移植 / 施肥 / 施肥（秋肥）/ 夏季修剪

▼移植後 第2年
修剪 / 施肥 / 施肥（秋肥）/ 夏季修剪

▼移植後 第3年
修剪 / 施肥 / 施肥（秋肥）/ 收穫

樹形打造法

黑莓・露莓

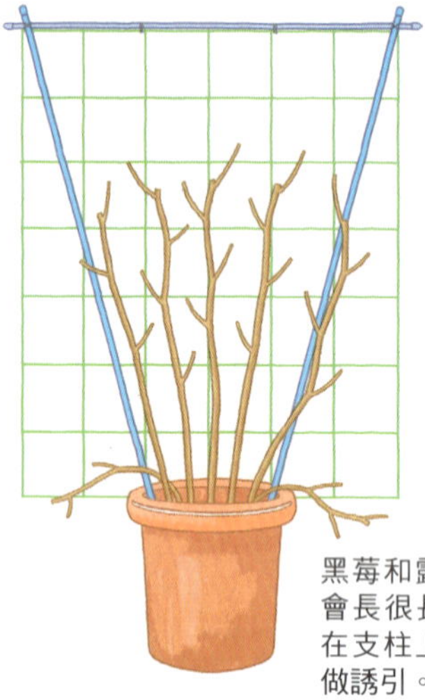

黑莓和露莓的莖會長很長，需要在支柱上架欄架做誘引。

覆盆莓

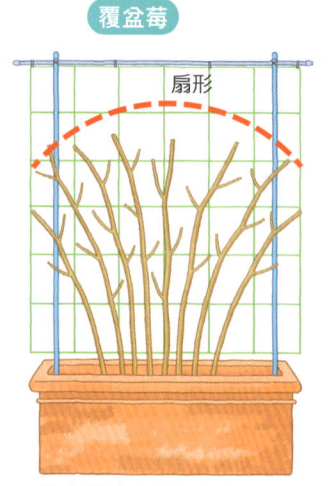

扇形

叢生特性強的覆盆莓，只要善用柵欄或網架，誘引成平面的扇形，管理起來就會很方便。

POINT!
黑莓和覆盆莓種在一起容易生病，最好相隔 10m 以上。使用剪刀修剪過其中一種後，要先用水清洗過才能再使用在另外一種上。

如果種植有刺的品種，建議用籬笆或柵欄做誘引。如果不架設支柱，任藤蔓爬在地上，尖銳的凸刺會讓日常整理作業變得非常艱難。不管往什麼方向誘引，都不會影響到開花。

雖然有很多野生的樹莓類果樹，但若以歐美改良過的栽培品種來看，多半分為覆盆莓、黑莓，以及介在兩者之間的露莓。

耐寒性很強，每種種類都可以耐到-20℃的低溫，就算是貧瘠的土地也能栽種。但覆盆莓若栽種在高溫潮濕的環境，容易生病且不易栽培，必須慎選夏季的放置地點。

覆盆莓是有刺的叢生植物。露莓莖很細，屬於蔓性植物。黑莓則是莖較粗，會攀附在樹上成長。家庭栽培時，務必利用柵欄確實做好誘引。

由於地下莖會不斷長出新枝，需要進行分株，或是讓伸長的枝條攀爬到周圍的其他盆栽上，並在該盆栽上生根，促進新株生成。其每一株都能各自結果。

栽培重點

❶ 不能任由藤蔓自由伸長，要適時做誘引。

❷ 選擇無刺的品種比較好管理。

❸ 不耐夏天暑熱，必須多澆水，並且避免西曬。

奇異果

[獼猴桃科獼猴桃屬｜中國南部原產]

樹高	冬季狀態	耐寒性	耐暑性
藤蔓	落葉	中	強

結果習性	自花結實性	葉果比
混合花芽B	需要雄木	40葉

● 奇異果的管理・作業行程表

▼移植後 第1年
移植—移植—施肥—秋肥
摘芯・整枝

▼移植後 第2年
修剪—施肥—秋肥—修剪
摘芯・整枝

▼移植後 第3年
修剪—施肥—秋肥—修剪
摘芯・整枝
摘蕾　受粉　疏果　收穫

1 移植

10月下旬～12月中旬、1月中旬～2月下旬是適合移植的時期。準備直徑24cm（8號）以上的盆器，移植2年後，切除2～3個月的老根，再換盆到更大的盆器中。

POINT!
奇異果是雌雄異株，2種必須同時栽種才能結果。雌雄木可以分別種在不同盆器中，也可以混栽在同一個盆裡。

① 選擇根鬚多，節間短而充實的苗木。

素燒盆

② 如果想要直接種在不需換盆的大盆器中，就必須在盆底倒扣一個舊的小素燒盆，可以增加透氣性，還能對抗夏季的暑熱。

栽培重點

❶ 需預測隔年的結果枝位置。

❷ 雄木的開花期與雌木若不同，需盡早使其開藥。

❸ 因奇異果含有吸引貓咪聚集的成分，幼木時期要小心被貓破壞。

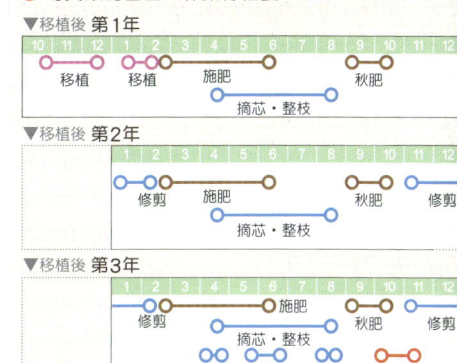

奇異果和葡萄一樣屬於藤蔓類，蔓延枝的配置關係到管理作業的輕鬆與否。移植完二年內，要培育出粗大的主枝，將主枝長出來的新梢誘引到柵欄上。在枝條基部的葉腋處會結出2～3個果實。

該年沒有結果的枝條如果有15片樹葉，就要截短至10片樹葉的長度，以促進隔年的結果。只要反覆進行這個動作，就可以每一年都能有所收成。

奇異果是雌雄異株，所以務必要因應雌木的品種，雄木當授粉樹。

雖然最近出現很多新品種，但還是一般的海沃德或黃金奇異果這種易種植的黃肉品種奇異果，比較適合家庭園藝。

⑧ 切口塗上白膠等木工用接著劑，以免細菌隨雨水入侵。

木工用接著劑

⑤ 用土倒入盆器 1/3 高度位置，苗木擺在盆器中央，樹根平均鋪平。

③ 和葡萄一樣，需仔細整理茂密的根鬚。

根鬚

支柱

束帶

⑨ 架立支柱並用束帶固定，以免苗木被風吹倒。

⑥ 手指伸入盆器底部，確認樹根中的縫隙是否填滿土壤。

After

⑩ 移植完後，大量澆水至水從盆器底部流出。

⑦ 地上的樹幹部位截短至 50cm 左右，從充實的芽間上切除。

50 cm

④ 前端有裂開、折到的樹根，全部截短。

132

2 開花・授粉

著生花芽、果實的方法

枝條前端會長出葉芽，葉芽和枝條間會長出混合芽。混合芽會長出新梢，並在其基部開花、結果。前一年長出果實的地方不會萌芽。

雄花

雌花

花粉很細，會隨著風或昆蟲移動。食蚜蠅是傳遞奇異果花粉的媒介。

花芽

生長趨勢強的1年生主枝上，幾乎所有的芽都是混合芽，會著生在新梢基部的2～8節間。春天時果樹開始發育後，花芽就會隨著側芽一起萌發出來。如果此時雄株也開花，就可以進行人工授粉，促進結果。

3 打造樹形

蔓性的奇異果枝，如果不架設支柱就會攀爬在地面上，無法直立。以家庭栽培的情況來說，還是建議利用欄架打造出簡潔的樹形，比較不占空間。

支柱

直立整枝法

蔓性植物才能使用的整枝方式。插上較粗的支柱，讓主枝沿其向上攀爬。

格子狀整枝法

架立格子狀的欄架，樹枝比較不會糾纏在一起，也不會過於垂墜。

133

4 整枝修剪

夏季修剪的作業是切除變長的藤蔓。因為結過果的地方不會再冒出芽，所以冬季修剪時，要將不會結果的枝條，截短至8～10節左右，以促進隔年果實的成長，而結果的枝條，則從結果部分往前端截短3～5節。

結果的方法

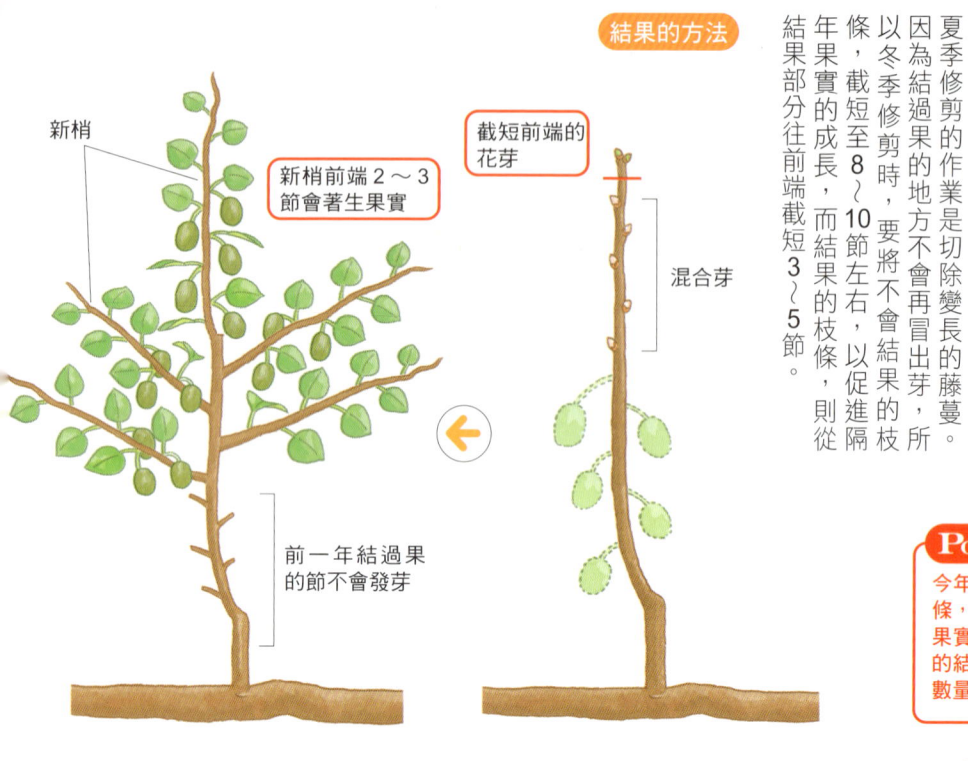

- 新梢
- 新梢前端2～3節會著生果實
- 截短前端的花芽
- 混合芽
- 前一年結過果的節不會發芽

POINT!
今年沒有結果的枝條，會在隔年結出果實。修剪時保留的結果和未結果枝數量，大約是1:2。

5 疏果

6月下旬～7月上旬，自然落果後的這段時間，必須清除發育不良的短枝或有瑕疵的果實，進行疏果作業以利果實成長。果實的密度大約是40片葉子對1顆果實。

摘除短枝或形狀差、受到病蟲害的劣果。

疏果的標準，大約是40片樹葉對1顆果實。

果樹の常識　想要知道的

綠色果肉和黃色果肉的奇異果

奇異果的果肉一般來說是綠色，但最近越來越多黃色，甚至紅色的品種。綠色系的品種中，「海沃德」幾乎已經是奇異果的代名詞。黃色系則有名正言順的「黃金奇異果」做代表。

奇異果的前身是中國原產的獼猴桃。獼猴桃的小顆品種飄洋過海到紐西蘭後，經過再三改良，就成了現在常見的奇異果，可以說是比較新穎的果樹。因為果實的外形類似紐西蘭的國鳥「奇異鳥」而得名。

綠色系果肉的奇異果（海沃德）

黃色系果肉的奇異果（黃金奇異果）

{ 推薦的品種 ── 奇異果 }

海沃德
奇異果的代表品種，為綠色奇異果。品質安定、具儲藏性，不易遭受病蟲害。果實稍大，酸甜適中。

香綠
日本培育出的品種，果實形狀較特殊。樹勢旺盛，第2年就開始結果。和「海沃德」比起來，果肉更綠。汁多甜度高。

黃金奇異果
果肉鮮黃如其名。果實大，甜度高且不酸。豐產，儲藏性中等，適合家庭栽培。

Sensation Apple
果實和名字一樣呈蘋果型。在奇異果中屬於糖度高，富含維他命C的品種。收成後立刻就可以食用，很適合初學者栽種。適合栽種「孫悟空」當授粉樹。

6 收穫

不同品種的收成時間會有些差異，但大多是在10月上旬～11月中旬之間。奇異果受到霜害會變黑，所以如果種植在會結霜的地區，就必須在結霜前採收完畢。用手握住果實，拇指輕壓果梗前端，就可以輕鬆摘下。

果樹の常識（想要知道的）

和蘋果一起放入塑膠袋中催熟

剛收成的奇異果較硬且又酸又不甜，和西洋梨一樣，必須進行催熟。採收後，和蘋果一起放進塑膠袋裡數天至數週的時間，等待果肉軟化、糖度上升。輕壓果實，如果硬度和耳垂差不多，就是適合品嘗的熟成時期。

使用現採的新鮮水果

家庭同樂 鮮果料理 ❸

水果塔

在市售塔皮上裝飾季節性水果，豐富又華麗的甜點立刻輕鬆上桌！

喜歡的水果

● 材料
市售塔皮……8個
卡士達奶油醬
　牛奶……300cc
　香草莢……1/2根
　蛋黃……70g
　砂糖……70g
　低筋麵粉……20g
　玉米粉……10g
巧克力……適量
鮮奶油……200cc
砂糖……20g
烘培用果膠……適量
薄荷……適量

● 作法
1. 混合低筋麵粉和玉米粉，攪拌均勻。
2. 碗裡倒入蛋黃、砂糖，攪拌到變成白色後，加入步驟1的粉類，再攪拌均勻。
3. 牛奶和香草莢倒入鍋中加熱後，加入步驟2中充分攪拌。過篩後再倒回鍋裡，煮成卡士達奶油醬。
4. 鮮奶油添加砂糖，進行打發7分鐘。
5. 在市售的塔皮上塗抹隔水加熱後的巧克力（避免塔皮吸收卡士達醬的水分）。
6. 等巧克力凝固後，加入卡士達醬，再擠上打發好的鮮奶油。
7. 漂亮地排上喜歡的水果。
8. 塗上果膠，增加亮度。擺上薄荷裝飾。

常綠果樹

和落葉果樹相反，常綠果樹的葉子即使在冬天也不會掉落。耐寒性比落葉果樹差，所以若種植在寒冷地方，就必須在溫室內過冬，等春天來臨後不需要擔心霜害時，才能搬到室外。適合種植在年平均氣溫 15～17℃的溫帶地區，代表性水果如：柑橘類、枇杷、橄欖、斐濟果等。

枇杷

[薔薇科枇杷屬 日本・中國原產]

樹高	冬季狀態	耐寒性	耐暑性
高	常綠	中	強

結果習性	自花結實性	葉果比
花芽A	具結實性	25葉

1 移植

10月上旬～下旬、3月中旬～4月中旬間適合移植。選擇直徑24cm（8號）～30cm（10號）盆器。移植2年後要換到更大的盆器（如果是8號盆就要換到10號）。

POINT! 握住嫁接苗木前端的時候，要小心接合處脫落。

① 家庭園藝用的苗木主要為容器苗。選擇葉片完好且強壯的苗木。

台木殘留的部分

② 用鉗子拆除嫁接膠帶。如果不處理乾淨，容易從殘留的部位開始枯萎。

● 枇杷的管理・作業行程表

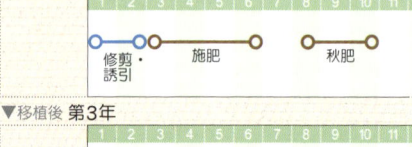

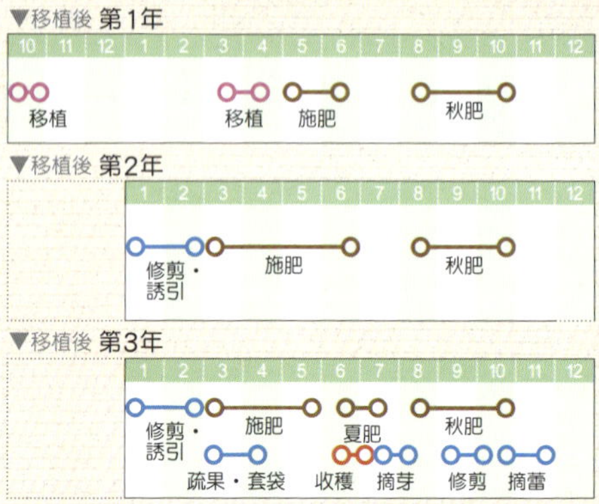

▼移植後 第1年

| 1 | 2 | 3 | 4 | 5 | 6 | 7 | 8 | 9 | 10 | 11 | 12 |

移植　　移植　施肥　　　秋肥

▼移植後 第2年

修剪・誘引　　施肥　　　秋肥

▼移植後 第3年

修剪・誘引　施肥　　夏肥　秋肥

疏果・套袋　收穫　摘芽　修剪　摘蕾

枇杷成熟的速度比櫻桃早很多。偏好溫暖的氣候，適合種植在年平均氣溫15℃以上的地區。雖具耐寒性，但開花期的11月～2月間對低溫的抵抗較弱，1～3月時期，幼果無法在-3℃以下的環境生存。因此寒冷時期最好搬至室內，避免寒害。

芽雖大但根很弱，不耐風吹。必須架立支柱固定，才能避免受到強風侵襲。

從品種上來看，以體型稍小的「茂木」和大顆的「田中」最具代表性。不管什麼品種，都可以種一棵就能結果，不需要授粉樹或進行人工授粉。

枇杷的抗氧化作用很強，而且富含胡蘿蔔素，能有效預防高血壓、心肌梗塞等不良生活習慣造成的文明病。葉片中也含有很多抗氧化物質，可以製成茶飲用。

栽培重點

❶ 生長旺盛，必須常換盆，或者一開始就種在大盆器中。

❷ 開花期在嚴冬，盡可能放置在溫暖的環境中培育。

❸ 必須疏果、套袋。

138

❺ 樹幹從嫁接處上方 30～40cm 處截短。切口塗上木工用接著劑，避免乾燥或細菌感染。

❹ 根團放進盆器中央後，補足用土。小心不要讓根團傾倒。

POINT! 手指伸入土中，確保根團和土壤間沒有縫隙。

❸ 從育苗軟盆中拔出樹根。整理樹根，剪掉長出根團外的根鬚。

剪斷捲成團狀的根

束帶

❻ 架設支架，用束帶固定。移植完後大量澆水。

2 整枝修剪

讓主枝筆直生長，將主枝上長出來的兩邊側枝上下錯開做管理。進行修剪作業的時期是 9 月上旬～中旬。主枝如果長到 2 公尺就要截短，誘引側枝成開心自然形（→P13）。

移植後第 2 年的冬天

第 2 年和第 1 年一樣，讓主枝、側枝繼續向前伸長。如果側枝有往上生長的跡象，需誘引成水平狀。

等到春天時，前一年枝條的前端會長出粗短春枝（中心枝），並在其前端萌發出幾個花蕾組成的花房。

盆栽需放在日照條件好的地方，但寒冷時要搬至室內，以免受到寒害。

需在春天開始長出新梢的前 1～2 月，橫向誘引副梢。

保留 1～2 根前一年側枝上長出來的枝條，疏密多餘枝條。

移植後第 1 年的夏天

主枝

側枝

令主枝筆直生長，並保留 2 個側枝，打造 3 個枝條的樹形。

疏果

整串果房最後保留4～5顆果實，其餘皆摘除。如果栽種的是大顆果實的品種，只保留2～3顆即可。

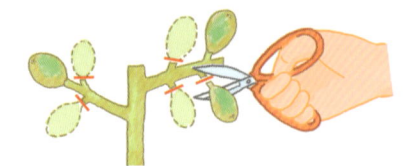

套袋

疏果後，用袋子將果房整串套起。如果是大顆果實的品種，每顆果實需分開套袋。

4 疏果・套袋

疏果期間約在3月上旬～4月上旬，1段果房只保留1～2顆果實，其餘切除。疏果後要進行套袋，避免果實和葉子摩擦造成損害，還能預防鳥類食害、病蟲害等。

3 摘房・摘蕾

摘房・摘蕾的方法

枇杷會開很多的花，如果不進行摘蕾和疏果，就會造成隔年結果現象（隔年無法結出果實）。摘房、摘蕾作業要在10～11月花開前進行。

新梢前端結出大量花房。

花房只需保留2～3段，其餘切除。

花房

花蕾

保留的花房，其前端花蕾也要切除。

5 收穫

6月中旬開始，枇杷果皮會開始著色，等果肉變軟後就可以依序採收。早生品種如果太晚收成，果皮會產生皺摺，需趁早採收，以免過熟。

推薦的品種——枇杷

田中
其果實比「茂木」大顆。酸甜適中。

茂木
西日本的代表品種。果實小但甜而不酸。

140

橄欖

[木樨科木樨欖屬　小亞細亞原產]

1 移植

10月或3月中旬～4月中旬是適合移植的時期。單棵難以結果，必須混合栽種2種以上的品種，也可以一起種在90cm的大盆器中。

若無法同時混栽2種品種，可以先從8號盆開始培養健壯的樹形，等2年後再移植到大的10號盆中。使用市售培養土混合赤玉土和川砂，再加上一把苦土石灰。

乾燥地區常會種橄欖，所以橄欖一向給人耐旱的印象，但其實橄欖喜歡排水性佳的土壤，而且需要充足水分才能好好發育。如果缺水，就不易結出花芽，長出來的果實也會產生皺紋。特別是夏天的時候，千萬不要忘記澆水。

除了當果樹外，橄欖也可以當作樹籬遮擋視線，簡潔的樹形頗具人氣。切下來的枝條還可以拿來插花，體會很多不同的樂趣。

大多使用扦插的容器苗木。挑選根部紮實的苗木，體型小也無所謂。

POINT!
移植後大量澆水。雖然一般認為橄欖很耐旱，但如果缺水就會停止生長，需要謹慎注意。

架立支柱，維持直挺的樹形後，用束帶固定。

培養土70％＋赤玉土20％＋川砂10％＋苦土石灰一把

樹高	冬季狀態	耐寒性	耐暑性
高	常綠	中	強

結果習性	自花結實性	葉果比
混合花芽A	需授粉樹	10葉

橄欖的管理・作業行程表

▼移植後 第1年

1	2	3	4	5	6	7	8	9	10	11	12
		移植		移植・施肥		夏肥			秋肥		

▼移植後 第2年

1	2	3	4	5	6	7	8	9	10	11	12
			施肥 修剪			夏肥			秋肥		

▼移植後 第3年

1	2	3	4	5	6	7	8	9	10	11	12
			施肥 修剪	授粉		夏肥			秋肥 油用橄欖收成 鹽漬用橄欖收成		

橄欖屬於木樨科的常綠中高木。喜歡陽光和溫暖的氣候，偏好排水性佳的土壤，萌芽力強，修剪作業做起來很方便。

5～10月間枝葉會旺盛地生長，5月中旬～6月上旬開花。因為不具自花結實性，必須混合栽種數品種，否則無法開花結果。

栽培重點

1. 需要和授粉樹混合栽種。
2. 修剪以疏密為主。
3. 樹幹內易有蟲害，需仔細觀察。
4. 鹽漬用和油用橄欖的收成期不同，需先決定用途。

2 整枝修剪

萌芽力強，只要溫度適當，一整年都能生長。修剪作業以疏密為主，冬季前（2～3月）修整好茂盛的小枝、徒長枝、弱枝，確保良好的日照通風條件，以利枝條健全成長。

移植後第 2 年的春天

從根部切除對角的側枝。樹形以 3 根主枝打造而成的開心自然型以及變則主幹型為主。

移植後第 3 年的春天

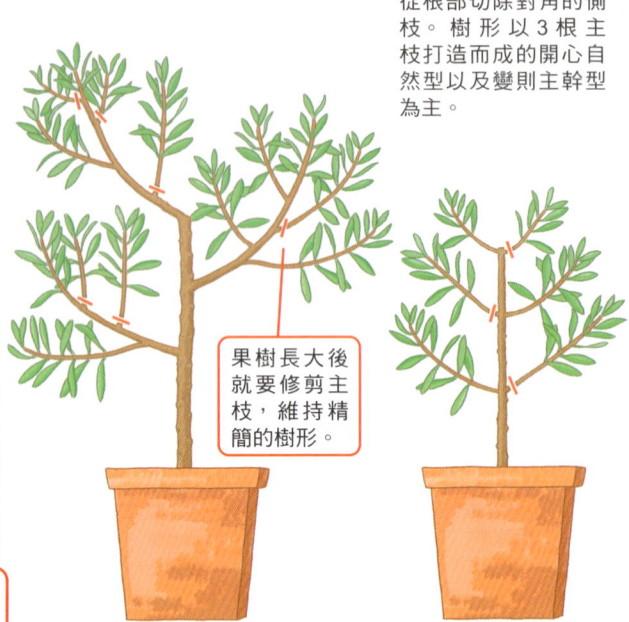

果樹長大後就要修剪主枝，維持精簡的樹形。

修剪的方法

枝葉茂密且小樹枝很多的果樹，內側很難照到陽光，需要進行疏密調整。以倒三角形的概念平均配置左右樹枝。樹高盡量維持在 2m 以下。

倒三角形

POINT! 新梢修剪掉前面 1～2 節就好，以免切到花芽。

After

3 開花結果

前一年的枝條上會長出花芽，在 5 月下旬開花後結果。1 個花芽大約會開出 20～40 蕊花朵。

花芽和果實的著生方法

前一年枝條的葉腋處長出整串的花芽，約 5 月下旬綻放。

花芽

POINT! 單種 1 棵果樹不會結果，必須利用他種果樹進行人工授粉。

葉芽（秋季長出的枝條）

花芽

前一年枝條（春～夏季長出的枝條）

前一年枝條上會結出花芽，開花後結果。

142

{ 推薦的品種 —— 橄欖 }

Nevadillo Blanco
適合醃漬或鹽漬。樹形稍具直立性且生長旺盛。耐寒易栽培。花粉多，適合當很多品種的授粉樹。

Manzanillo
世界上最常被栽種的品種。籽小肉軟皮薄，適合醃漬。

Mission
適合榨油或醃漬。樹勢強盛，具直立性，且易栽培。

4 收穫

橄欖的收成期大約落在 10～12 月間，依使用目的不同，採收的時間也會不一樣。醃漬或鹽漬用的橄欖收成時間差不多是 10 月中旬～ 11 月中旬；榨油用的則是 11 月中旬～ 12 月中旬。橄欖中含有一種叫做「橄欖苦素」的苦味物質，不適合生食。

要醃漬或鹽漬的橄欖，要趁青綠時期採收。

榨油用的橄欖，要等果實變黑後再採收。

想要知道的 果樹の常識
運用顏色對照表，熟成度一目了然

橄欖的果實顏色，會隨熟成度改變，大致上可以分成 8 個階段。不同熟成度的橄欖，味道和適合食用的方法都不一樣，可以利用左圖的顏色對照表做辨別。鹽漬用的橄欖熟成度約是 1～3 的顏色，榨油用的則是 6～7。11 月後採收的橄欖，雖然顏色還是青綠，但果肉已經漸漸成熟，建議用來榨油。

橄欖的熟成度

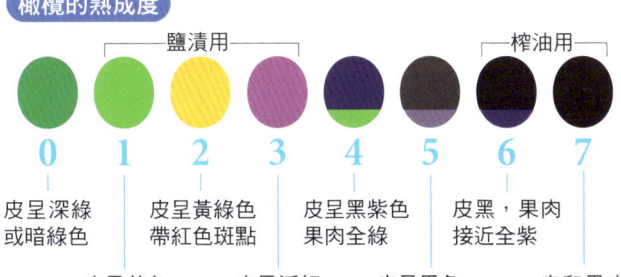

	鹽漬用					榨油用	
0	1	2	3	4	5	6	7
皮呈深綠或暗綠色	皮呈黃色或黃綠色	皮呈黃綠色帶紅色斑點	皮呈泛紅或淺紫色	皮呈黑紫色果肉全綠	皮呈黑色果肉半紫	皮黑，果肉接近全紫	皮和果肉皆全黑

斐濟果

[桃金孃科斐濟果屬 巴西東南部、烏拉圭、巴拉圭原產]

1 移植

適合在9月下旬～10月下旬、3月中旬～4月下旬移植。遇霜可能會造成掉葉，需要小心注意。苗木大多是扦插苗，雖然也有實生苗，但因為生苗要花很長時間才會結果，所以建議選擇扦插苗。

- 長90cm的盆器
- 素燒盆
- 18cm的育苗盆有，2項品種

POINT!
雖然具有單棵也能結果的自花結實性，但因結果能力不高，所以最好還是混合栽種2品種以上。

① 想要確保授粉並達到精簡種植的目的，可以選擇2種品種的斐濟果樹各一棵，同時栽種在一個大盆器中。

② 配合盆器的長度，在底部倒扣舊素燒盆。素燒盆底的孔上鋪盆底網，土壤倒至比盆底網稍高的位置。

樹高	冬季狀態	耐寒性	耐暑性
低	常綠	中	強

結果習性	自花結實性	葉果比
混合花芽B	需授粉樹	30葉

● 斐濟果的管理‧作業行程表

▼移植後 第1年

1	2	3	4	5	6	7	8	9	10	11	12
移植			移植‧施肥			施肥				秋肥	

▼移植後 第2年

1	2	3	4	5	6	7	8	9	10	11	12
		施肥 修剪			夏肥				秋肥 摘芯		

▼移植後 第3年

1	2	3	4	5	6	7	8	9	10	11	12
		施肥 修剪			夏肥 授粉 摘芯				秋肥 收穫‧摘芯		

栽培重點

❶ 生長力旺盛，如果任其自由生長樹冠會擴大，需在開花後進行夏季修剪。

❷ 需要頻繁授粉。

❸ 收成期會自然落果，可以鋪上稻草避免果實碰傷。

雖然也有具自花結實性的品種，但最好還是混合栽種其他授粉品種，不但能大幅提升結果的安定性，果實也會比較大顆。

除了混合栽種外，開花後盡可能每天都進行人工授粉，可提高結果性。但如果栽種的盆數很多，就可以不必進行人工授粉。

由於耐寒性不高，如果長期維持在攝氏零度以下的低溫，可能會導致掉葉，甚至枯死。如果只是掉葉的程度，春天之後還會再長出新葉，雖然該年將無法收成，但至少果樹還能再生。

修剪以疏密為主，確保樹冠內部也能充分照到陽光。新梢生成前，是最適合修剪的作業時間。秋枝容易出現徒長現象，在冬天前稍微摘芯，能有助維持簡潔樹形，並預防冬季枯萎或掉葉。

144

盆器左右各留 1/3 的空間，等間隔種上 2 棵樹苗。

POINT!
根際會長出很多新枝（不定芽），所以要稍微種得深一點。

移植後，每枝截短至 40cm 左右，以促進側枝生長。若是柔軟的主枝就從前端截短 1/2，較強壯的主枝則截短 1/3。

POINT!
趁早修剪掉多餘樹根，避免乾燥。

修剪圈成團狀的根

③ 用剪刀修剪捲成團狀的根，或從旁邊岔出的根。

2 誘引修剪

樹枝需要適時修剪，才不會長得比人高。雖然也可以使用園藝修枝剪，但容易剪到分化出花芽的枝端前端，所以還是建議使用園藝剪刀來修剪徒長枝或疏去舊枝，以確保良好的通風日照條件。

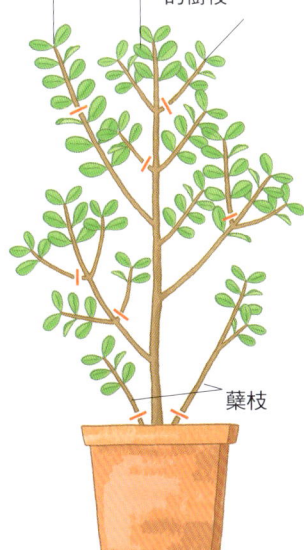

誘引的方法 架立支柱，橫向誘引直立生長的枝條。

修剪的方法
修剪徒長枝或過於密集的枝條，確保樹冠內部也能充分照射到陽光。

修整徒長枝。

小心不要切到長有花芽的樹枝前端。

疏去對生枝條，剪掉長在對角處的樹枝。

葉枝

145

3 開花・授粉

斐濟果的花，會開在前一年枝條前端長出來的新梢葉腋處。雌蕊比雄蕊長很多。兩者間距太遠，不易靠蜜蜂等昆蟲授粉。想要確實收成，就必須進行人工授粉。

握住雄蕊後，用手指沾取花粉，再輕輕按壓、摩擦在其他品種的雌蕊柱頭上。斐濟果的人工授粉作業需要頻繁進行。

→ 摩擦他品種的雌蕊

POINT! 適合人工授粉的作業時間是早上10點〜下午2點間。

雄蕊　雌蕊

斐濟果的花，長得就像小型版的彼岸花。花瓣肉厚，咀嚼後會散發甜味，很適合做成食用花。

雌蕊會從著生黃色花藥的雄蕊中央長出來。雌蕊的柱頭和雄蕊花藥的間隔很遠，小蟲不易傳遞花粉。

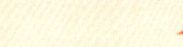

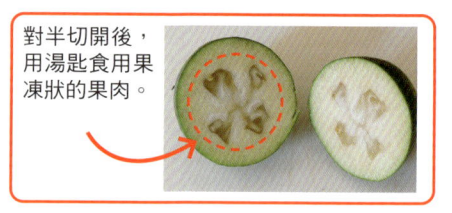

{ 推薦的品種 —— 斐濟果 }

Mammoth
果皮光滑，果肉汁多香氣濃。樹勢較弱，且果皮容易受傷。儲藏性不佳。

Unique
斐濟果中最早結果的品種，自家結實性強，收穫量多。樹形精簡，很適合家庭栽培。

Opal star
晚生品種。果實不會長太大，但會結出很多光滑深綠的果實。甜度高、香氣濃郁。

4 收穫

成熟後會自然落果，收成時只要撿拾起來即可。在地上舖稻草等東西緩衝，可以減少果實的損傷。收成後要先在常溫中放置幾天，等摸起來覺得柔軟時即可生食。甜的酸味也很適合做成果醬或果凍。

成熟後的果實會自然落下。

對半切開後，用湯匙食用果凍狀的果肉。

146

使用現採的新鮮水果

家庭同樂鮮果料理 ④

選擇喜歡的水果

栗子柚香捲

清爽宜人的柚子香氣。

● 材料（1條份量）
蛋糕體
蛋……3個　砂糖……80g　低筋麵粉……70g
豆漿……30g　柚子皮屑……半顆

柚子餡
┌水……100cc　寒天粉……1g　紅豆泥……280g
└麥芽糖……10g　柚子皮屑……半顆

糖煮栗子……10顆　糖粉……適量

● 作法
蛋糕體
1. 在碗中放入蛋和砂糖，隔水加熱並打至發泡後，加入柚子皮屑。
2. 倒入過篩後的低筋麵粉和豆漿，充分攪拌。
3. 將蛋糕麵糊倒入鋪上烤紙的烤盤，送進預熱180℃的烤箱烤15分鐘。

柚子餡
4. 另外取一鍋子加入水和寒天粉。
5. 加熱煮至融化後，倒入紅豆泥繼續煮。
6. 再加入麥芽糖和柚子皮屑，做成柚子紅豆泥後，關火放涼。
7. 糖煮栗子隨意切塊。
8. 在冷卻過的蛋糕麵糊上抹上柚子紅豆泥，撒上栗子塊後捲起。
9. 餡料凝固後，撒上糖粉即完成。

水果大福

加入喜歡的水果，做成各式各樣的美味大福。

● 材料（6個份）
糯米粉……90g
水……90g
砂糖……30g
白豆餡……100g
喜歡的水果（無花果柿子、黑珍珠葡萄、梨子等）
防止沾黏的太白粉……適量

● 作法
1. 糯米粉加入水中攪拌後，再倒入砂糖充分混合。
2. 蒸盤上放上容器，鋪上濕布後倒入糯米糰，大火蒸20分鐘左右。
3. 準備好水果。體積大的水果可先切大塊。
4. 白豆餡均分成6等份，包裹住水果後搓成圓形。
5. 蒸好的糯米糰倒入大碗中，用刮板仔細攪和至綿柔狀。
6. 撒上些許太白粉後，將糯米糰分成6等份。
7. 用糯米糰仔細包裹內餡後，輕輕撒上一層太白粉避免沾黏即可。

147

使用現採的
新鮮水果

家庭同樂鮮果料理 ❺

柿子和蕪菁的清爽涼拌菜

添加清甜柿子的單品料理，不用火就能完成。

● **材料（4人份）**
柿子……1顆　小蕪菁……4個　鹽……少許
[醋……3大匙　砂糖……2.5大匙
[鹽……2.5匙
柚子汁……少許

● **作法**
1 柿子切薄片。
2 小蕪菁切薄片。取少量葉子（配色用）切成2cm長度，用鹽巴稍微醃漬後，擠掉水分。
3 調味料混合後，倒入柿子片和蕪菁，充分攪拌均勻。
4 淋上柚子汁增添風味。

無花果火腿沙拉

清甜無花果和甘鹹生火腿的絕妙平衡。

● **材料（2人份）**
無花果……1顆
生火腿……3片
喜歡的蔬菜（沙拉嫩葉、甜椒、小番茄等）

● **作法**
1 無花果削皮後切塊（可連皮吃的品種就不須削）。
2 生火腿對半切後捲起無花果肉。
3 放上喜歡的蔬菜，配出豐富繽紛的色彩。
4 蔬菜淋上喜歡的沙拉醬，再放上用生火腿捲起來的無花果。可以同時品嘗到生火腿鮮鹹和無花果清甜的美味沙拉即完成。

柑橘類

橘子、柳丁、檸檬等水果，都屬於柑橘類。原產於印度的阿薩姆地區，偏好溫暖的氣候。香氣宜人又可口，還有討喜的鮮豔色彩，是世界上最常被栽種的水果，到處都可見其蹤跡。經過品種改良後，種類多元、形形色色。富含維他命 C，除了生食外，也很常被製作成果汁、果醬、甜點、香料等，運用的範圍非常廣泛。

柑橘類

[溫州蜜柑＝柑橘科柑橘屬 中國東南・日本原產]

樹高	冬季狀態	耐寒性	耐暑性
中	常綠	中	強

結果習性	自花結實性	葉果比
混合花芽A	具結實性	30葉

● 櫻桃的管理・作業行程表

▼移植後 第1年
移植／移植／施肥／秋肥

▼移植後 第2年
修剪／施肥／誘引／秋肥／修剪

▼移植後 第3年
修剪／施肥／夏肥／秋肥／修剪／收穫

栽培重點

❶ 寒冷地區選擇早生種，可以避開寒害。

❷ 確實疏果，才能確保每年結果狀況安定。

❸ 小心缺肥。

1 移植

10月上旬～11月中旬、2月中旬～3月下旬是移植的時間。移植到直徑24㎝的8號盆中，2年後再換到10號盆。如果是生長狀況很健全的樹苗，也可以一開始就種在10號盆中。

比起容器苗，裸根苗的根量較多，有助於扎根。

❶ 圖為溫州柑橘的1年生嫁接苗木。選擇根鬚充實者。

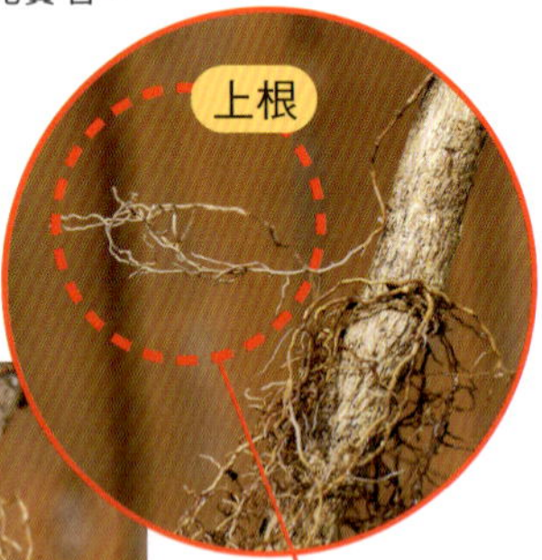

❷ 樹根修剪至盆器2/3高度，確保粗根可以完整放進盆器中。

上根

POINT! 柑橘類的上根很重要，修剪時要小心不要誤剪到。

柑橘類是橘子、柳丁、檸檬等水果的總稱，原產於印度的阿薩姆地區。因色香味俱佳的特性而廣受喜愛，在全世界各地有各式各樣的品種。

栽種時的溫度管理很重要，年平均溫度需達15℃，冬季的最低溫也不能低於-5℃。種植在寒冷地區時，冬季要移至室內禦寒，春天到秋天間則放置在庭院即可。

柑橘類果樹上，若是當年結過果的新梢，隔年就不會萌發花芽，只會長發育枝。再過一年後，該發育枝會變成結果母枝，長出很多花和枝條。

像這樣一年結果、一年不結果的反覆現象，就叫做「隔年結果」，需要確實進行疏果作業來進行調節。

150

❽ 移植完後，大量澆水至水從盆器底部流出為止。

❸ 土壤倒入盆器的 1/3 高度。

❻ 嫁接苗木從 40cm～50cm 的地方截短。

❼ 沿著樹幹架立支柱，再用束帶確實固定。樹幹切口不要忘記塗上白膠等木工用接著劑，預防乾燥及細菌隨雨水入侵。

❹ 用手扶住樹苗，筆直放至盆器中央後，補足用土。

❺ 再添補土壤。兩手手指張開，垂直深入盆器底部，確保樹根、土壤和盆器間緊密貼合在一起。

支柱

塗上木工用接著劑

用束帶固定

支柱

POINT!
這個動作如果不夠確實，樹根間有縫隙出現，在步驟❽澆水時土表就會凹陷。

151

春・夏枝的管理（檸檬）

切除和地面呈平行或開始下垂的枝條。成木從春枝和夏枝的交界處截短，可以避免樹形雜亂，陽光也能充分照進樹冠中。

3 修剪

柑橘類的枝條生長期有三次，分別在春、夏、秋季。其中又以夏季生長最為旺盛，如果不做適當處理，樹枝就會長得亂七八糟，須著重縮短修剪。

垂下的枝條

After

POINT!
樹高控制在2m以內。

2m

POINT!
立支柱誘引樹枝，使樹形能夠向外擴張。

支柱

2 打造樹形

柑橘類果樹的枝條多半會向上生長。一般在打造樹形時，會選擇保留2～3條主枝，並向外擴展的「開心自然型」。一方面可以減緩樹勢、抑制高度，減輕修剪和收獲的管理，另一方面還能促進結果。

移植後第1年的夏天

第一主枝
第二主枝
第三主枝

整體平衡後，挑選主幹上長出來的3根枝條做為主枝後補，其餘切除。

STEP UP 栽培知識

盡早切除樹枝上的刺

檸檬、萊姆、柚子等果樹上會有刺。刺不只會傷害到果實，整理時碰到也會受傷，最好用剪刀盡早切除。剛長出來的刺較軟，摸起來的觸感跟橡膠很像，可以直接用手從基部摘除。摘掉刺對果樹沒有影響，反而是不摘除才容易感染潰瘍病。長刺的枝條隨風搖動時，還會刺傷樹葉及果實。

152

秋・冬的管理（金桔）

POINT!
枯枝若置之不理，容易感染黑點病或軸腐病，最好清除乾淨。

柑橘類的修剪最好在3月上～下旬間完成。柑橘類屬於常綠樹，冬季時葉子也需要製造養分，所以不要在冬季修剪樹枝，只要清除枯葉就好。

秋天長出來的枝條，無法長成能夠結果的健壯樹枝，最好全部切除。

輪生枝的管理（溫州柑橘）

輪生枝指一個地方同時長出很多樹枝的現象，不僅難以分化出花芽，也很難結出果實，因此必須適時替向上旺盛生長的樹枝做疏枝。

輪生枝

After

POINT!
樹枝的疏密很重要，但如果在疏枝前，先用繩子替下方生長趨勢強的樹枝或輪生枝做水平誘引，效果會更好。

金桔花

2年枝　葉芽　新梢
花芽
葉芽
結果處

4 結果習性

花芽會從前一年枝條的新梢頂芽及前端2～3芽的地方萌發。春枝和夏枝上都會有很多花芽，但不會分化在秋枝或徒長的春夏枝上。此外，前一年已經結過果的新梢也不會分化花芽，但會在隔年開花結果。

5 疏果

如果不管結多少果都照樣栽種，就會造成果實營養不足，長得小且不好吃。必須適時疏果來調整果實的數量。

疏果的基準
- 溫州柑橘
25葉～30葉1顆果實
- 伊予柑
70葉～80葉1顆果實
- 檸檬
20葉～30葉1顆果實
- 柳橙類
50葉～60葉1顆果實

柑橘類大多會在7月～8月進行疏果，藉以控管果實數量。

6 盆栽的重整作業

又大又重的盆栽很難換盆。可以在盆栽土表鑽幾個洞，倒入混合肥料的新用土，一樣能達到改善土壤環境的效果。

❶ 先用小耙子耙鬆變硬的土壤表面，一來有利於氧氣輸送到根部，二來能減少雜草叢生。

POINT!
剪掉盆栽土表上長出來的樹根。柑橘類的上根很重要，不要剪掉太多。

❷ 盆栽表面整體鋪上新用土。

7 收穫

不同柑橘類的收成期也不一樣。大部分都是在果實確實著色且酸甜均衡的時期採收，但也有像醋橘這種青皮狀態就採收的品種。採收時如果硬拉會傷到果樹，可以先連1～2cm的枝條一起剪下後，拿到手上再剪到靠近果梗處。

8 換盆

移植完約 2 年，樹根就會長滿整個盆器，需要換盆到更大的容器中（8 號盆換到 10 號盆、10 號盆換到 12 號盆，以此類推）。作業時間沒有限制，只要避開盛夏及嚴寒時期即可，通常會選擇開始轉暖的早春。

❶ 圖為已經種在 8 號盆中 2 年的檸檬。需準備 10 號素燒盆和移植時需要的土壤。

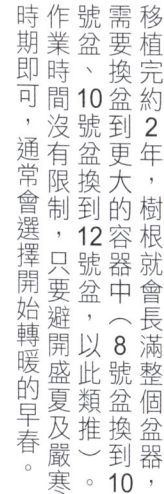

❷ 倒扣素燒盆在盆器底部，增加透氣性。

❸ 倒入土壤至盆器約 1/3 高度位置。

❹ 從原本的盆器中拔出樹苗，放到 10 號盆中。

POINT!
如果樹根呈現捲成一團的狀態，就用鋸子水平切掉根團底部 5cm 左右。

❺ 添補用土到完全看不見樹根為止。張開手指伸入盆器底部，將土壤填入樹根間的縫隙中。

POINT!
必須切除分蘖芽、根部多餘枝條、尖刺，並截短向下垂的樹枝。

❻ 為了讓樹枝伸長時能夠同時擴展樹冠，架立支柱替 2 條主枝做誘引。移植完後要大量澆水。

支柱

推薦的品種── 溫州蜜柑

溫州蜜柑的耐寒性在柑橘類中算佼佼者。按照收成時期分成早生、中生、晚生等不同系統，寒冷區域最好選擇早生系品種。早生系的收成時期從10月上旬開始，中生系從11月下旬到12月間，晚生系則是12月底到1月上旬。不管哪種都不需要授粉樹，單棵就能結果。

盛田溫州
果皮就和番茄一樣柔軟，濃厚的香氣和甜味是其特徵。易碰傷難以運送到市面，但很適合家庭栽培。要小心結太多果實。

上野早生
10月上旬就可以開始收成的極早生品種。結果量多、樹勢強，很適合初學者栽種。果皮薄，顏色偏深紅系。

宮川早生
早生種的代表品種。樹勢旺盛且好栽培。果實大，但很少出現裂果和炭疽病的情形。太早收成會有點酸，最好等完全成熟後再採收。

青島溫州
晚生品種的代表種。成長趨勢旺盛，樹枝很快就會變長。果實大而扁平，外觀很討喜。風味濃厚且儲藏性佳。不管大小，果肉的甜度都很高。

果樹の常識　想要知道的

柑橘類的追熟

中、晚生的柑橘類中，很常有果皮已經著色但還是很酸的品種，需要在陰冷處放一段時間追熟後再食用。但如果放在樹上不採收，柑橘類果實會因寒流等原因，少且產生苦味，外觀也不好看。左表是各品種的追熟期間表。

主要品種與追熟期間

品種	收成期	食用期
晚白柚	12月上旬～1月上旬	2月上旬～4月上旬
土佐柚	12月中旬～1月下旬	3月上旬～4月上旬
紅甘夏	1月上旬～5月上旬	4月上旬～6月中旬
紅八朔	1月上旬～1月下旬	3月中旬～5月上旬
宮內伊予柑	12月下旬～1月下旬	2月上旬～3月下旬
日向夏	4月下旬～5月中旬	4月下旬～7月中旬
清見蜜柑	2月中旬～3月上旬	3月上旬～5月上旬
不知火椪柑	1月下旬～2月下旬	3月上旬～4月下旬

推薦的品種 —— 柳橙・橘橙

國外引進的臍橘、蜜柑或柳橙等混種過後，就會出現一種新的柑橘——橘橙。橘橙在種類眾多的柑橘類中，也有很多優良的品種。果實在年內即可收成，但和溫州柑橘比起來較不耐寒。這種系統的果樹，如果樹勢弱的話就會開太多花，須注意肥料的使用。

● 橘橙類的管理・作業行程表

▼移植後 第1年

| 1 | 2 | 3 | 4 | 5 | 6 | 7 | 8 | 9 | 10 | 11 | 12 |

移植　移植　施肥　　秋肥①　秋肥②

▼移植後 第2年

| 1 | 2 | 3 | 4 | 5 | 6 | 7 | 8 | 9 | 10 | 11 | 12 |

修剪　施肥　　秋肥①　秋肥②　秋枝修剪

▼移植後 第3年

| 1 | 2 | 3 | 4 | 5 | 6 | 7 | 8 | 9 | 10 | 11 | 12 |

修剪　　施肥　收穫　秋肥①　秋肥②
授粉・交配　疏果　秋枝修剪

清見　（橘橙）
日本初次培育出的橘橙。果皮光滑，呈黃橘色。果肉柔軟水分多，風味佳。幾乎沒有籽，就算有也很少。

不知火椪柑　（橘橙）
果實很大顆呈蛋型。果皮稍粗，但好剝。水分多味道好，內層白皮薄，方便食用。

Setoka　（橘橙）
果皮薄又好剝，表面光滑具光澤。內層白皮薄，易食用。甜度高，剝皮時會散發獨特香氣。

南津海　（橘橙）
大小和溫州柑橘差不多。果皮可以輕易用手剝開，內層白皮薄，可以直接食用。酸甜適中。

宮內伊予柑　（橘橙）
果皮稍厚，但好剝。水分多、酸甜適中。

推薦的品種 —— 柚子・橘欒果

包含葡萄柚在內的柚子類，以及橘子和葡萄柚或柚子雜交後產生的橘欒果。柚子屬於柑橘類中體型較大的品系，果皮很厚，但果肉柔軟且水分很多。葉片大，具直立性，最好盡早打造出簡潔的樹形。

● 柚子・橘欒果的管理・作業行程表

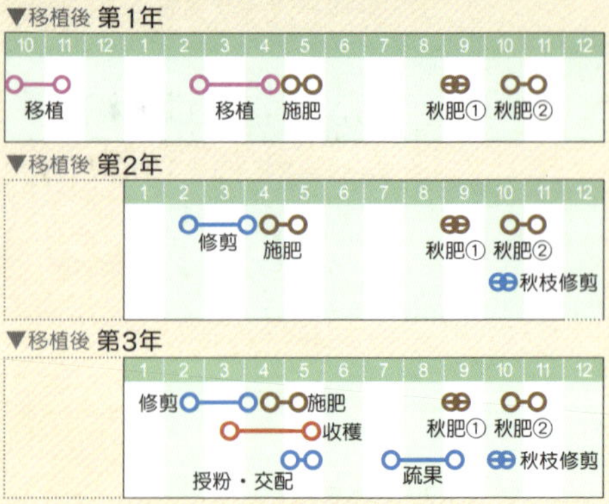

▼移植後 第1年

1	2	3	4	5	6	7	8	9	10	11	12
移植			移植	施肥					秋肥①	秋肥②	

▼移植後 第2年

1	2	3	4	5	6	7	8	9	10	11	12
		修剪	施肥						秋肥①	秋肥②	
										秋枝修剪	

▼移植後 第3年

1	2	3	4	5	6	7	8	9	10	11	12
		修剪	施肥	收穫					秋肥①	秋肥②	
		授粉・交配					疏果			秋枝修剪	

春香　（橘欒果）
「日向夏」的自然交雜實生種，特徵是果實頂部呈環狀且扁平。黃色果皮和內層白皮都很厚。味道清爽甘甜。

土佐　（柚子）
適合盆栽栽培。酸甜適中，味道好。果皮較薄，不太好剝。和八朔橘或甘夏混栽，會結出更大的果實。

葡萄柚
在世界各地都很出名。一根枝條上會成串地結出很多果實，看起來就像葡萄一樣，所以叫葡萄柚。耐寒性弱，不適合栽種在寒冷地區。

佛手柑　（柚子）
果實形狀就像佛祖的手。葉子的香味用處大，常被廣泛使用。沒有果肉，具觀賞用的價值。不耐寒，最好在室內栽培。

甜春　（橘欒果）
果皮硬，但果肉多汁且甜度高，味道很好。具耐寒性且不易生病，屬於易栽種的品種，很適合家庭栽培。

158

推薦的品種 — 日本柚類

主要利用部位為果皮或果汁的柚子類。日本柚的耐寒性很好，不太需要擔心。不管哪種品種的日本柚樹都具直立性，柚木時期主枝維持向上生長即可，但等長到一定程度後就需要擴展樹冠。趁還柔軟的時候去除樹上的刺，可以大幅減少病害的發生。

日本柚的管理・作業行程表

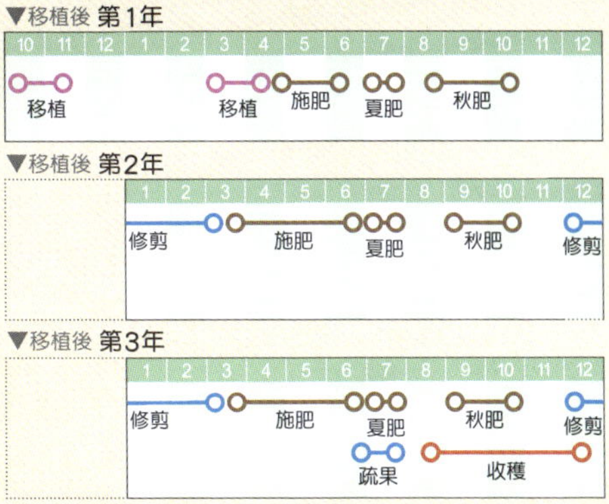

▼移植後 第1年
| 10 | 11 | 12 | 1 | 2 | 3 | 4 | 5 | 6 | 7 | 8 | 9 |
移植　　　　　　　移植　施肥　夏肥　秋肥

▼移植後 第2年
修剪　　施肥　夏肥　秋肥　修剪

▼移植後 第3年
修剪　　施肥　夏肥　秋肥　修剪
　　　　　　疏果　　收穫

大柚 [日本柚]
普通種的日本柚。柑橘類中最耐寒的品種。對病蟲害的抵抗力強，很適合當家庭果樹。

多田錦 [日本柚]
果樹刺少籽少，極具人氣。從柚木時期就可以大量採收。果實比大柚小一點。

酸桔
日本大分縣知名特產。果實呈球狀且酸味強，具獨特香氣。趁果皮青綠時就要採收。如果沒有及時採收，酸度就會下降。

台灣香檬
果實柔軟，水分多。結果性較安定且收成量多。籽多酸味強，較少生食用，多製作成果汁或加工品。

醋橘
日本德島縣知名特產。和日本柚一樣具耐寒性，不易受到病蟲害，無刺易栽培。香味濃、收成量高。

推薦的品種 — 檸檬・金桔類

鮮明的酸味和香氣常常運用在飲料上。樹勢和柚子一樣強，刺要趁柔軟時去除。想要果實的香味濃郁，就要趁果皮青綠時採收。耐寒性是柑橘類中最低的，只要低於-3℃，就要搬移到室內。

● 檸檬類的管理・作業行程表

▼移植後 第1年

10	11	12	1	2	3	4	5	6	7	8	9	10	11	12
○─○ 移植					○─○ 移植		○─○ 施肥					○─○ 秋肥		

▼移植後 第2年

1	2	3	4	5	6	7	8	9	10	11	12
		○─○ 修剪 施肥			○─○ 整枝 施肥				○─○ 秋枝修剪 秋肥		

▼移植後 第3年

1	2	3	4	5	6	7	8	9	10	11	12
	○─○ 修剪 ○─○ 施肥 收種				○─○ 整枝 施肥		○─○ 疏果		○─○ 秋枝修剪 秋肥		

大溪地萊姆　〔萊姆〕
果實渾圓，比檸檬小一點。耐寒性和檸檬差不多。刺少好管理。果肉無籽，榨汁很方便。

明和　〔金桔〕
別名寧保金桔。果實大顆，果皮帶香氣和甜味。適合用砂糖醃漬，做成水果酒可以止咳。

香水檸檬　〔檸檬〕
樹勢稍弱，刺較少。收穫量多，外觀渾圓，果皮光滑。水分豐富、酸味強、香氣濃郁。

小丸　〔金桔〕
新栽培出的品種。幾乎沒有籽。熟成的速度比其他品種慢，但甜度高又好吃。

里斯本檸檬　〔檸檬〕
樹勢強，耐寒性強。收穫量多，適合家庭栽培。果實的頂部突起，熟成後會變成黃色。水分豐富、酸味強。

家庭同樂 鮮果料理 ❻

使用現採的新鮮水果

莓果起司蛋糕

裝飾上庭院裡採集的繽紛莓果

● **材料（6吋・1個）**
蛋糕基底
雞蛋……2顆　砂糖……70g
低筋麵粉……70g　牛奶……20cc
無鹽奶油……20g
奶油乳酪……150g　鮮奶油……150g
砂糖……45g　檸檬汁……20cc
▪ 吉利丁粉……5g、水……30cc
▪ 鮮奶油……80cc、砂糖……6g
糖粉……適量　莓果……適量

● **作法**
1. 碗裡倒入雞蛋和砂糖，隔水加熱後打至發泡，再倒入低筋麵粉充分攪拌。
2. 奶油和牛奶一起加熱後，倒入步驟1中攪拌。充分混合後倒入鋪好烤紙的6吋圓形烤模中。放入預熱至170℃的烤箱中烤30分鐘。
3. 冷卻後取出，切成1cm厚度後，放入蛋糕模具中組裝。
4. 吉利丁粉倒入水中溶解。
5. 奶油乳酪攪拌至綿滑柔順後，加入砂糖。
6. 加入鮮奶油充分混合，倒入檸檬汁。
7. 加入隔水加熱過的吉利丁，攪拌後倒入步驟3的模具中。
8. 鮮奶油加入砂糖，稍微打發後倒入模具中，冷卻定型。
9. 拆掉蛋糕模，撒上糖粉並用莓果作裝飾。

桃子果肉布丁

品嘗甜而不膩的清涼口感

● **材料（4個份量）**
糖煮桃子
桃子……4顆　水……500cc
砂糖……200g　檸檬片……2片

牛奶……100cc　鮮奶油……100cc
砂糖……50g
A　吉利丁……5g、水……20cc
B　吉利丁……5g、水……20cc
茴芹……適量

● **作法**
1. 糖煮桃子　鍋裡加入砂糖、檸檬後開火，煮滾後放入洗乾淨的桃子。煮到可以用竹籤穿透後，起鍋放冷。
2. 保留2顆形狀完整漂亮的糖煮桃子做裝飾，其餘搗成泥。（至少需要240g）
3. 鍋裡倒入牛奶、鮮奶油、砂糖，煮到糖完全融化。
4. 鍋子離火，加入泡過水的吉利丁A，溶解後泡在冷水中降溫。
5. 再混合桃子果泥，選擇喜歡的玻璃容器倒入後，放進冰箱冷藏定型。
6. 取400cc步驟1的糖漿，放入鍋裡加熱後，加入泡過水的吉利丁B，溶解後泡冷水冷卻。
7. 裝飾用的糖煮桃子切成片，鋪在定型後的布丁上，再淋上步驟6，冷卻定型後放上茴芹點綴即可。

使用現採的新鮮水果

家庭同樂鮮果料理 ❼

無花果藍起司鹹蛋糕

鬆軟鹹香的鹹蛋糕，
加上無花果的特殊口感點綴

● **材料**（18cm的磅蛋糕・1條）

無花果……100g
藍起司……60g
核桃……50g
內餡（阿帕雷醬）
┌ 低筋麵粉……100g
│ 發粉……3g
│ 雞蛋……2顆
│ 牛奶……100cc
│ 起司粉……50g
│ 鹽……少許
└ 胡椒……少許
嫩葉沙拉……適量
小番茄……適量

● **作法**

1 無花果切成 1/4 個大小。
2 核桃用170℃的烤箱烘烤5分鐘左右。
3 混合低筋麵粉和發粉，充分混合、攪拌。
4 雞蛋打入大碗中，加入步驟3，攪拌至質地柔滑為止。
5 倒入牛奶、起司粉、鹽、胡椒，攪拌均勻。
6 磅蛋糕模具上塗抹一層薄薄的奶油，撒上麵粉（材料份量外）。倒入步驟5後，隨意塞入無花果、藍起司，再撒上核桃。
7 放入預熱至180℃的烤箱中，烘烤40分鐘左右。
8 放上擺盤的沙拉和小番茄，並將烤好的鹹蛋糕切片擺好即可上桌。

162

熱帶水果

一般來說，熱帶水果中，除了冬季夜溫需達 10℃以上的熱帶水果外（熱帶果樹），也包含只要冬季最低溫度高於 5℃就能生存的副熱帶水果（副熱帶果樹）。家庭栽培時，建議選擇副熱帶果樹種植。但如果有溫室等可以調節溫度的地方，基本上就沒有太大問題。

芒果

[漆樹科芒果屬
亞洲熱帶、印度原產]

1 移植

熱帶、副熱帶區域開始變熱的時期，就是移植果樹的時期，一般來說是3～5月間。因生長力很大的，不妨一開始就選擇較大的10～12號盆。

❶ 盡量選擇台木粗壯、樹葉茂密的2年生嫁接苗木。

樹葉多
台木粗

❷ 盆底倒扣小素燒盆後，倒入用土至盆器的1/3高度處。使用市售培養用土搭配一半的成熟堆肥即可。

❸ 從育苗容器中取出苗木，撥落一半左右的根團土後，再放至盆器中央。

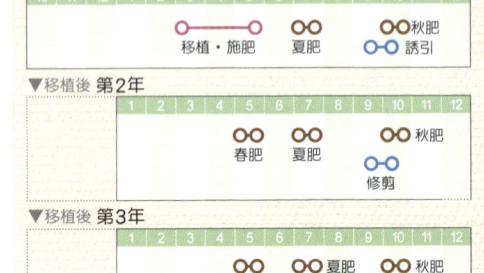

POINT! 購買的苗木樹幹如果有分枝的情形，一樣是從50cm處截短。

❹ 移植後，土表上的樹幹部位截短至50cm左右。並大量澆水。

50 cm

樹高
高

冬季狀態
常綠

耐寒性
弱中

耐暑性
強

結果習性
混合花芽A

自花結實性
具結實性

葉果比
1枝1果

● 芒果的管理・作業行程表

▼移植後 第1年
10	11	12	1	2	3	4	5	6	7	8	9
					移植・施肥		夏肥			秋肥 誘引	

▼移植後 第2年
1	2	3	4	5	6	7	8	9	10	11	12
		春肥		夏肥		修剪			秋肥		

▼移植後 第3年
1	2	3	4	5	6	7	8	9	10	11	12
		春肥		夏肥 收穫		修剪			秋肥		

芒果大多原產於墨西哥或印度、菲律賓等亞洲區，有些品種的耐寒性較強，也很適合種植在副熱帶地區。挑選品種時，建議選擇愛文芒果等品種清楚的種樹。

芒果樹很高大，可以長到10m以上。但因為種在盆栽裡的關係，最好抑制在一般身高左右的高度。栽培時需著重溫度管理、雨天對策，因不耐低溫，只要低於0℃就會受寒害。

若以最低夜溫5℃以上的情況來說，大約會在5月中下旬開花。但開花或結果時如果淋到雨，容易感染炭疽病，導致果實無法著生、成長，所以即使溫度足夠，也要確實規劃栽種地的雨天對策。

栽培重點

❶ 需確實摘房、疏果，以免果實過度密集。

❷ 搖晃樹枝授粉，可以促進結果。

❸ 夏天時要留意栽培地點的豔陽是否會曬傷果實。

2 整枝修剪

移植時截短的地方會長出新梢，等新梢長到2～3cm時，保留3枝剩下切除做第1枝當主枝。

1年後，其餘主枝做摘芯的過程遭摘芯，摘過芯的枝會茂密地發芽，留生長狀態最好的芽，其餘全部摘除。第2年後也一樣摘芯，反覆增加樹枝數。

移植後第1年的管理

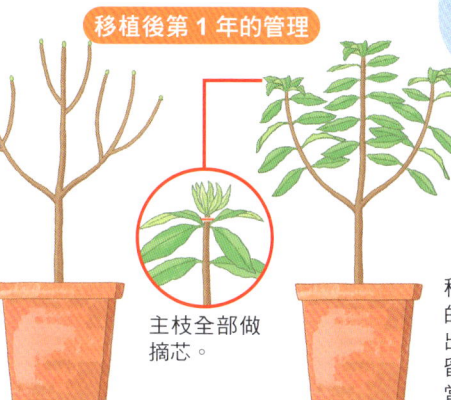

移植時截短的切口會長出新梢，保留其中3枝當主枝。

POINT!
摘芯後會長出更多新芽，挑選狀況好的3芽後，其餘皆切除。

主枝全部做摘芯。

移植後第2年的管理

各主枝保留摘芯後長出的3枝新芽。反覆進行摘芯、疏密，打造出每根主枝上有9根枝條的狀態。

到了第2年春天，繼續替9根枝條上長出的新芽做摘芯，並保留摘芯後長出的其中3根新梢。打造出有27個枝條的樹形。

3 開花結果

花芽的管理

芒果的花呈穗狀，會從新梢前端開始，長出20～80cm的圓錐狀花序，開出2000朵以上的花。輕輕搖晃一下樹枝，可以增加授粉的機率。

POINT!
架立支柱，並用繩子吊起因花朵的重量而下垂的芒果枝。開花後要放置在不會淋到雨的地方管理。

幼果

2月和4～5月左右都會長出花芽，但2月的溫度太低不適合成長，所以此時長出的花芽要全部摘除，只保留4～5月時的花芽即可。如果27個枝條全部開花結果對果樹的負擔很大，必須疏果，調整到1根樹枝1顆果實左右。

疏果

芒果花陸陸續續綻放、凋落，差不多會維持1個月左右。等著生的果實長到拇指般大小後，每枝疏密至1～2顆，其餘切除。

保留

POINT!
摘完果後，連枝帶果用網子包起來吊在支柱上，等熟成後，果實就會自然掉落在網中。

4 收穫

開花後90～100天左右芒果就會成熟，收成時只要撿拾網中的果實即可。收成後要放在不會直射陽光的地方約2～3天，追熟後再食用。

荔枝

[無患子科荔枝屬　中國南部原產]

1 移植

荔枝最好選擇快要變熱的季節移植，一般是3～5月間。市售苗木有些已經使用5～6號的育苗軟盆，所以移植時可以選擇直徑24cm以上的8號盆或10號盆。

① 選擇品種名清楚的嫁接或扦插苗木。樹幹需具一定粗度，主軸健壯。

又粗又健壯的樹幹

② 從容器中取出的根團狀態。圖中樹根的生長狀況良好，只需要稍微修剪岔出來的樹根即可。

切除

③ 如果購買的苗木較大，可直接使用45cm的大方盆。只要使用一般的園藝用培養土，再等量加入赤玉土或砂質土即可。

移植完後，樹枝前端稍微摘芯。

樹高	冬季狀態	耐寒性	耐暑性
高	常綠	弱中	強

結果習性	自花結實性	葉果比
混合花芽A	具結實性	1枝1串

● 荔枝的管理・作業行程表

▼移植後 第1年
移植／秋肥

▼移植後 第2年
春肥／夏肥／秋肥

▼移植後 第3年
春肥／夏肥／秋肥／收穫／修剪

原產於中國的副熱帶果樹。單棵也能結果，熟成後果肉多汁甘甜、風味濃厚，富含維他命C和鉀、銅等營養成分。

荔枝從以前就受到大家喜愛，常常從台灣輸出到世界各地。但冷凍輸出的荔枝，不管賣相或滋味，都遠遠不及新鮮荔枝。雖然耐寒性比芒果高一點，可以度過0℃的冬季，但收成時的最低溫需高於5℃。荔枝樹跟芒果樹一樣，都是可以長到10m以上的高大樹木，所以種植在盆栽中時，要盡量抑制在人身高左右的高度。

移植後只要能存活就不太會枯死，會長出很多根鬚，地表上的樹幹也會旺盛成長。但需要特別注意溫度管理和土壤的水分管理。

栽培重點

❶ 單棵就能結果，但還是需要授粉作業。

❷ 移植後，在確定存活之前先不要施肥。

❸ 若通風條件差，容易出現介殼蟲等蟲害。

❹ 需確實澆水。

2 整枝修剪

培育果樹是移植後1～2年的主要任務，就算長出花芽也不要讓它結果。如果不做修剪，放任頂端芽生長旺盛，果樹會不斷的向上生長。所以要和芒果樹一樣，反覆利用摘芯疏果的方法增加樹枝量。

移植後第1年的管理

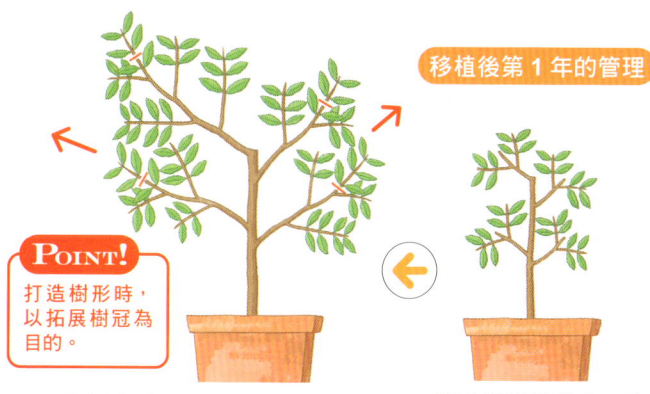

POINT! 打造樹形時，以拓展樹冠為目的。

反覆做疏密修剪來增加樹枝量，長出的枝條前端部分全數摘除。

頂芽稍微做摘芯，其餘任其自由生長。

圖為4年生荔枝盆栽。反覆做疏密修剪，打造出整體感平衡的樹形。

3 開花結果

任其自然授粉結果即可。著生的果實可以全部收成，也可以進行疏果，1串花房保留10顆果實左右，有助於收成果實更大更美味的荔枝。

幼果

花

新梢前端會開出數千朵小花。輕輕搖晃樹枝，或用毛筆筆尖行人工授粉，可以促進結果。

4 收穫

移植後第3年開始收成。開花後150～約180天，果殼顏色轉褐就是熟成徵兆。一棵成熟果樹大約可以採收100顆左右的荔枝。

剝開果殼後，多汁鮮甜的珍珠色Q彈果肉出現在眼前。

果實成串生長，收成時可以拿剪刀整串剪下。

收成後的管理

收成完後立刻將樹枝剪至一半長度，可促進隔年的結果母枝盡早生成。

167

百香果

［西番蓮科 西番蓮屬　巴西南部原產］

POINT!
第1年要專心培育粗壯的樹枝，打造筆直的樹形。

實生苗的主枝較細，移植到直徑18cm左右的6號盆器中也不是問題。

偏好排水性佳的土壤，可以在培養土中混入2成川砂。

1 移植

3月下旬～5月中旬間都可以移植，但若是較寒冷的地區，最好選擇5月左右，避開霜害疑慮。選擇6～7號盆，每年換盆到更大的盆器。

STEP UP 栽培知識

百香果天然綠窗簾

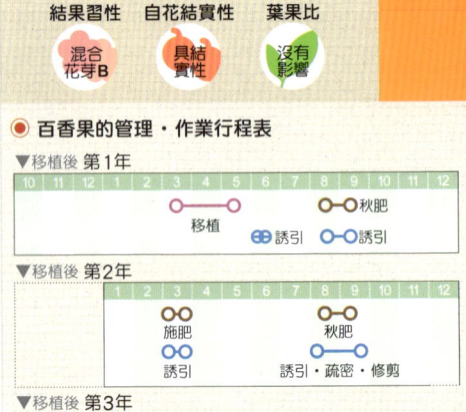

如果生長順利的話，百香果的藤蔓一年可以長5cm。只要妥善配置，就像一面天然窗簾，可以達到遮蔭的效果。

樹高	冬季狀態	耐寒性	耐暑性
藤蔓	常綠	弱中	強

結果習性	自花結實性	葉果比
混合花芽B	具結實性	沒有影響

● 百香果的管理・作業行程表

▼移植後 第1年

1	2	3	4	5	6	7	8	9	10	11	12
移植／秋肥／誘引／誘引

▼移植後 第2年

| 1 | 2 | 3 | 4 | 5 | 6 | 7 | 8 | 9 | 10 | 11 | 12 |
施肥／秋肥／誘引／誘引・疏密・修剪

▼移植後 第3年

| 1 | 2 | 3 | 4 | 5 | 6 | 7 | 8 | 9 | 10 | 11 | 12 |
施肥／秋肥／誘引・疏密・修剪／誘引／受粉／收種／受粉／收種

百香果花的形狀和時鐘很相似，在日本又被叫做「時鐘果」（時計草），有觀賞用和食用的不同品種，屬於多年生蔓生植物，如果沒有生病的話約可存活五年。

只要確實做好溫度管理，百香果其實不難栽培。基本上等盆栽土表乾涸再澆水就好，但夏天時每天都要澆，冬天則2～3週澆一次就好。

開花後1～3週是果實成長的期間，千萬不能怠慢澆水作業。

百香果的食用部位，除了果實內的籽外，還有一層叫做假種皮，是富含酸甜果汁的薄膜。只要混合假種皮和其他水果的果汁，立刻就會變成一道風味絕佳的熱帶飲品。

栽培重點

❶ 和栽種葡萄一樣，要先了解開花結果的習性，才能確實做誘引。

❷ 冬天縮短修剪時，要小心果樹枯萎。

❸ 要等待完全成熟，開始落果時才能進行收成。

168

2 整枝修剪

如果土表上的果樹生長狀況不佳，可以稍微截短，促進下方長出健壯的新芽。從截短部分長出來的新梢，疏密至彼此間隔30cm左右後，架立支柱或欄架做誘引。

格子狀整枝法

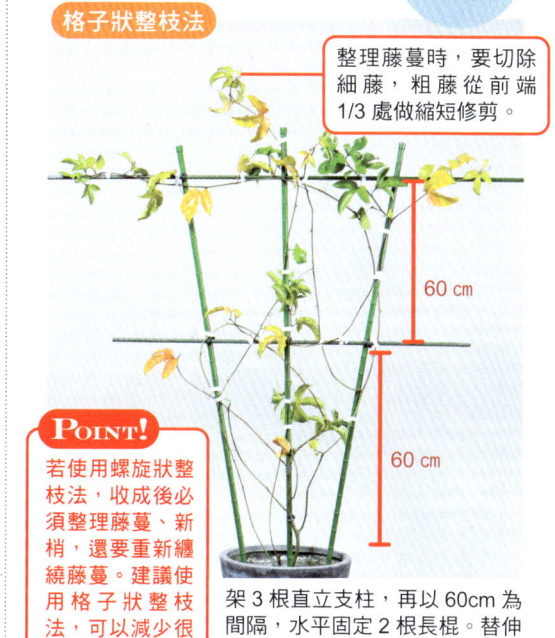

> **POINT!**
> 整理藤蔓時，要切除細藤，粗藤從前端1/3處做縮短修剪。

60 cm

60 cm

> **POINT!**
> 若使用螺旋狀整枝法，收成後必須整理藤蔓、新梢，還要重新纏繞藤蔓。建議使用格子狀整枝法，可以減少很多勞力工作。

架3根直立支柱，再以60cm為間隔，水平固定2根長棍。替伸長的主枝做誘引。

4月上旬～中旬換盆時，架立牽牛花用的支架，替藤蔓做誘引。

螺旋狀整枝法

> **POINT!**
> 藤蔓類的枝條會不斷分枝，必須疏去糾纏在一起的地方，以確保內部的日照和通風條件。

3 開花結果

一年開2次花，通常是3～4月（夏果），以及9～10月（秋果），會在新梢的葉腋處開花並結果。夏果的成熟期是6月下旬～8月中旬，秋果則是11月下旬～1月。若地溫降到20℃以下，百香果就會停止生長，所以需要視情況使用加溫設備。

長得像時鐘的百香果花，只要做好溫度管理，除了盛夏時期外的一整年都能欣賞到美麗的花朵。

> **POINT!**
> 花粉不耐水。開花時期澆水要謹慎，並適時搬動盆栽，以免淋雨。

到了6月或9月時，果實會開始膨大，而且漸漸上色。

4 收穫

8月是夏果的收成期，秋果則是12～1月。開花後50天左右，百香果就會染上漂亮的紫色，此時只要等待熟成後自然落果，再撿拾地上的果實即可。

百香果有分紫色種和黃色種，建議選擇紫色種，味道較好。

百香果可以直接對半切後用湯匙挖食。

169

火龍果

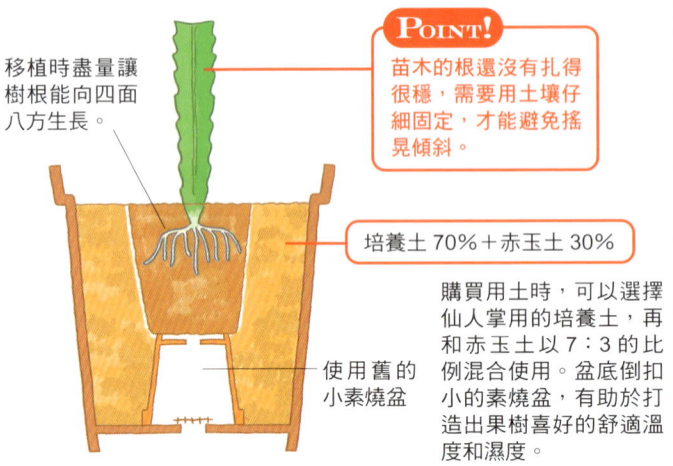

[仙人掌科三角柱屬　中美洲地區、墨西哥原產]

樹高	冬季狀態	耐寒性	耐暑性
多肉植物中	常綠	弱中	強

結果習性	自花結實性	葉果比
混合花芽B	需授粉樹	沒有影響

火龍果的管理・作業行程表

▼移植後 第1年
| 1 | 2 | 3 | 4 | 5 | 6 | 7 | 8 | 9 | 10 | 11 | 12 |
移植
施肥（加水時添加液肥）

▼移植後 第2年
| 1 | 2 | 3 | 4 | 5 | 6 | 7 | 8 | 9 | 10 | 11 | 12 |
修剪　施肥（加水時添加液肥或玉肥）

▼移植後 第3年
| 1 | 2 | 3 | 4 | 5 | 6 | 7 | 8 | 9 | 10 | 11 | 12 |
修剪　施肥（加水時添加液肥或玉肥）　收穫

1 移植

最好選擇天氣要轉熱的時期（3～5月）移植，寒冷地區需小心霜害。適合使用透氣性佳的素燒盆，7～8號盆左右的大小即可。

幾乎都是扦插苗木。可以親自到火龍果苗批發商購買，也可以上網尋找，非常方便。

移植時盡量讓樹根能向四面八方生長。

POINT! 苗木的根還沒有扎得很穩，需要用土壤仔細固定，才能避免搖晃傾斜。

培養土70%＋赤玉土30%

使用舊的小素燒盆

購買用土時，可以選擇仙人掌用的培養土，再和赤玉土以7：3的比例混合使用。盆底倒扣小的素燒盆，有助於打造出果樹喜好的舒適溫度和濕度。

火龍果在熱帶地區的分布很廣，很難追溯出確切的原產地。因為果實的形狀特殊，很像幻想中的龍頭造型，因而取名火龍果。屬於可食用的多肉植物。

火龍果的花會在晚上10點左右開始綻放，天一亮就闔起來。花開時會散發出濃郁的香氣，果實很大，甚至可以長到1公斤。果皮大多是紅色，但也有黃色品種。果肉則為雪白或紫紅。白色果肉品種的自花結實性較高，紫紅果肉種較低，需和白肉種一起混植。

雖然屬於仙人掌科，但從開花、結果到收成的這段時間非常需要水分，千萬不要忘記澆水。最低氣溫如果低於8℃，莖上會長出黃色斑點，如果受到霜害則會腐爛。需要達到20℃以上的長日照條件才會開花，到收穫為止約需45～75天。

栽培重點

❶ 花開在枝條前端，會受到修剪與整枝方式的影響。

❷ 必須在晚上10點左右進行授粉作業。

❸ 若出現蚜蟲就用水沖落。雖然屬於仙人掌科，但生長時不能缺水。

170

2 整枝修剪

打造樹形

火龍果農家會架設整片堅固的支架，讓火龍果枝自然垂掛。

2節
1節
4節

各枝條長至約1m後，從第3節的地方做摘芯。

花會著生在第4節後的地方

架立一根支柱於盆栽中央，選擇其中一根新芽固定在支柱上，使其和立柱等高。支柱長度約為1.5m，超出立柱的枝條全部往下垂並做摘芯。

移植後1個月左右就會長出新芽。在新芽長出來前立好支柱，誘引第一根長出的新芽，使其沿著支柱生長至和支柱等高。

平均保留4～5個從前端長出來的新芽，其餘皆切除。

POINT!
2～3天澆一次水，澆水的水量要充足。夏天的澆水作業不能怠慢，但冬天時只要等盆栽土表乾燥再澆水即可。

3 開花結果

花蕾
花
果實

摘除早春長出來的新芽後，會結出花蕾，並持續綻放2～3個星期。火龍果花約會從晚上10點左右開始陸續開到天亮，必須利用這段時間進行人工授粉。

每年4～5月間長出的新芽全部摘除後，就會開始結出花蕾。

火龍果的花有「月下美人」之稱。雖具自花結實性，但還是要用毛筆筆尖等工具沾取花粉，執行人工授粉作業。

花朵凋謝後，果實就開始長大。大約3個星期左右，果實就會長到15cm左右的大小。

4 收穫

開花後1個半月～2個半月間，果實就會熟成。果皮由綠轉紅後10天左右，就差不多可以開始採收。在果實完全熟成前採收下來，放在室內2～3天追熟後食用。

果肉上芝麻般的種子可以直接食用。

草莓番石榴

[桃金孃科番石榴屬 / 南美原產]

花
果實

樹高	冬季狀態	耐寒性	耐暑性
中	常綠	弱中	強

結果習性	自花結實性	葉果比
混合花芽B	具結實性	30葉

● 草莓番石榴的管理・作業行程表

▼移植後 第1年

1	2	3	4	5	6	7	8	9	10	11	12

○─○ 移植
○○ 夏肥 ○○ 夏肥　　　○○ 秋肥

▼移植後 第2年

1	2	3	4	5	6	7	8	9	10	11	12

○○ ○○ 夏肥 ○○ 夏肥　　　○○ 秋肥
春肥　　○─○ 修剪

▼移植後 第3年

1	2	3	4	5	6	7	8	9	10	11	12

○○ 春肥 ○○ 夏肥 ○○ 夏肥　　　○○ 秋肥
　　　○─○ 受粉　　○─○ 收穫
　　○─○ 修剪　　　　　　○○ 縮短剪

移植

培養土倒入盆器1/3高度位置，將苗木筆直種下後，架立支柱固定住。

- 支柱
- 保留3根生長狀況好的枝條。
- 切除分蘗枝
- 園藝用培養土70％＋赤玉土（砂質土）30％
- 素燒盆

修剪

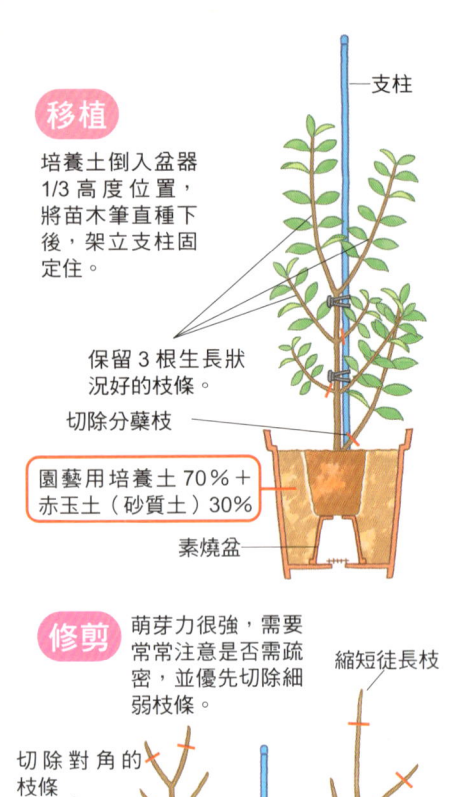

萌芽力很強，需要常常注意是否需疏密，並優先切除細弱枝條。

- 縮短徒長枝
- 切除對角的枝條
- 切除向下枝

移植・修剪

市面上大多是扦插苗木，但也有賣實生苗。4月上旬～5月下旬間適合移植，可以選擇6～8號盆，2年後再換盆到8～10號盆。修剪作業主要以縮短過長枝條或促進小枝生長來打造樹形為主。

POINT!

前一年枝條的前端，以及前方2～3芽處長出來枝條葉腋處會開花結果，修剪時要小心不要誤剪。

俗稱「榕仔拔」，原產於巴西。草莓番石榴的耐寒性是番石榴屬中最強的，可以忍受到-5℃的低溫。如果是溫暖的地區，幾乎整年都可以種植。

果實直徑約2～4cm，重5～15公克，熟成後果皮呈深紅色。水分豐富且香氣似草莓，再加上鮮紅的外表，故取名草莓番石榴。花會著生在新梢基部的葉腋處。如果有蜜蜂幫忙傳遞花粉，就會增加果樹的結實率。果實約在開花後140天左右成熟。

適合生長在20～25℃的環境中，只要符合這個條件，就能長出碩大香甜的果實。果實過密會造成營養不均、果實長不大，需趁幼果時期執行疏果作業，比例約30片樹葉留1顆果實。

果皮開始轉紅後就可以準備收成。

栽培重點

❶ 開花時期需要適當的溼度。

❷ 結果後最好套袋

❸ 果實一旦太熟很快就會壞掉，最好提早採收。

西印度櫻桃

[薔薇科薔薇科屬／熱帶美洲原產]

花

果實

樹高	冬季狀態	耐寒性	耐暑性
低	常綠	弱	強

結果習性	自花結實性	葉果比
混合花芽B	具結實性	沒有影響

● 西印度櫻桃的管理・作業行程表

▼移植後 第1年
移植／春肥・夏肥・夏肥・秋肥

▼移植後 第2年
春肥・夏肥・夏肥・秋肥／摘花・摘花・修剪

▼移植後 第3年
春肥・夏肥・夏肥・秋肥／摘花・摘花・摘花／收穫・收穫・收穫

移植

倒入用土至盆器1/3高度處，並垂直種入苗木。

POINT!
移植後先放置在陰影處，暫時不要直射陽光，等長出新芽後慢慢增加曬太陽時間。

園藝用培養土70％＋赤玉土30％　素燒盆

修剪

截短間隔過大的枝條，有利於長出很多粗短枝。並切除影響到日照通風的枝條。

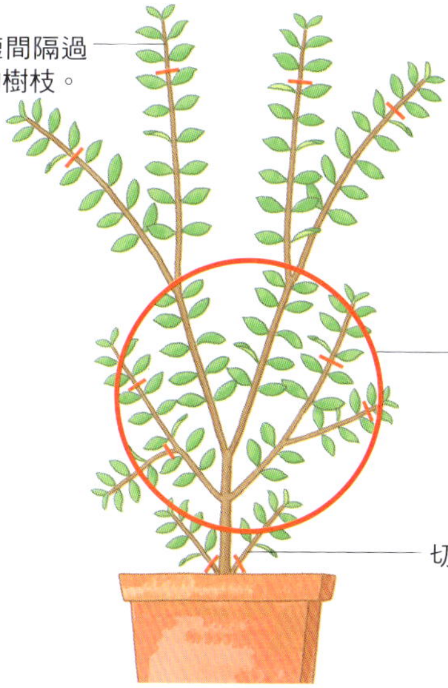

截短間隔過大的樹枝。
疏密過於密集的樹枝。
切除分蘗枝

移植・修剪

市面上有販售很多容器苗，適合在4月中旬～6月下旬間移植。使用6～8號盆，2年後再換到較大的8～10號盆中。修剪時要疏去果樹內側過於密集的部分，以及被遮擋住陽光的枝條。

西印度櫻桃是原產於中美洲、西印度群島的常綠矮木。富含維他命C，常被當成果汁的原料。

有分甜的品種和酸的品種。甜品種容易產生病蟲害，建議選擇對病蟲害抵抗力較強的酸品種栽培。但酸品種的酸味很強，適合加工處理，不適合生鮮食用。

西印度櫻桃的花，會開在前一年的新梢條或前一年枝條上長出的新梢基部葉腋處。只要氣溫維持在25～35℃，一年可以開花結果5～6次。開花到收成的時間約1個月。只要用指尖輕碰果實，就可以判斷果實成熟度，自然掉落的表示已成熟。

採收後的西印度櫻桃，只要放幾小時果皮就會開始出現變化，2天後就會變色熟成的果實雖然多汁，但味道很酸，適合加工做成果醬或雪酪。

栽培重點

❶ 天氣轉熱後容易出現蟎、蚜蟲，需要保持盆栽乾燥且定期殺蟲。

❷ 適當使用勃激素可以增加結果的安定性。

❸ 果實很酸，不適合生鮮食用。

稜果蒲桃

[桃金孃科蒲桃屬 / 巴西中南部原產]

移植

培養土倒入盆器1/3高度處後，主幹垂直種入。

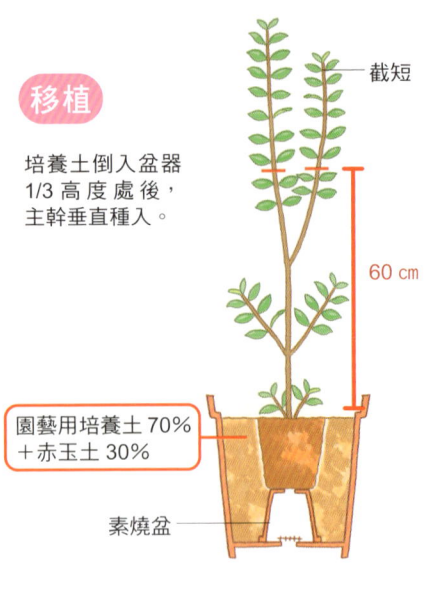

截短

60 cm

園藝用培養土70% + 赤玉土30%

素燒盆

截短間隔過大的樹枝

切除分蘖枝及向下枝。

移植・修剪

市面上販售的多半是容器苗。選擇6～8號盆，在4月中旬～6月下旬間移植，2年後再換到8～10號盆中。修剪作業以修整過於密集或日照不佳的枝條為主。

修剪

截短間隔過大的枝條，有助於長出很多粗短枝。切除影響日照通風的枝條。

POINT！ 不需要過度修剪，只要疏去密集的枝條即可。

樹高	冬季狀態	耐寒性	耐暑性
中	常綠	弱中	強

結果習性	自花結實性	葉果比
混合花芽B	具結實性	沒有影響

● 稜果蒲桃的管理・作業行程表

▼移植後 第1年

1	2	3	4	5	6	7	8	9	10	11	12
				移植							
		春肥	夏肥	夏肥	秋肥						

▼移植後 第2年

1	2	3	4	5	6	7	8	9	10	11	12
		春肥	夏肥	夏肥	秋肥						
			摘花	摘花	修剪						

▼移植後 第3年

1	2	3	4	5	6	7	8	9	10	11	12
		春肥	夏肥	夏肥	秋肥						
			摘花	摘花							
						收穫	收穫	收穫			

又叫做「扁櫻桃」或「八角櫻桃」。前一年枝條的腋芽或頂芽長成的新梢基部葉腋處，會開出1～5蕊花朵。花期長，開花後一個多月果實就會成熟並自然落果，撿拾即可生鮮食用。

成熟的果實放在室溫中2～3天後會產生獨特的臭味，建議冷藏保存、食用。

外型長得很像西印度櫻桃，但不像西印度櫻桃一樣容易滋生蟎或蚜蟲，果實中的維他命C含量也比較高。

耐寒性很強，只要不低於-3℃就不需要擔心。開花期和果實成長期都需要充足的水分和肥料，才能促進果實的著生和成長。

栽培重點

❶ 果實和西印度櫻桃相似，但稜果蒲桃的蟲害較少。

❷ 稜果蒲桃的側枝不易生長，修剪時只要替新梢尖端稍微做摘芯即可。

嘉寶果

[桃金孃科嘉寶果屬　巴西南部原產]

花

果實

樹高	冬季狀態	耐寒性	耐暑性
高	常綠	弱	強

結果習性	自花結實性	葉果比
混合花芽B	具結實性	沒有影響

● 嘉寶果的管理・作業行程表

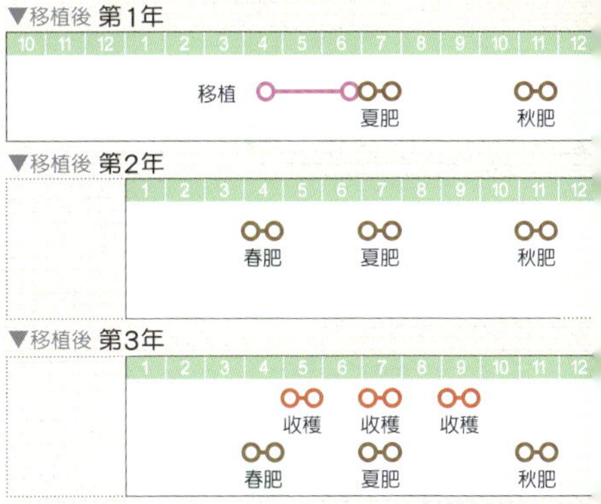

▼ 移植後 第1年

10	11	12	1	2	3	4	5	6	7	8	9	10	11	12
							移植		夏肥				秋肥	

▼ 移植後 第2年

1	2	3	4	5	6	7	8	9	10	11	12
		春肥			夏肥				秋肥		

▼ 移植後 第3年

1	2	3	4	5	6	7	8	9	10	11	12
				收種		收種		收種			
		春肥			夏肥				秋肥		

移植

培養土倒入盆器1/3高度處，垂直種入苗木，並小心不要破壞根團部分。

POINT!
嘉寶果討厭乾燥，移植後及盛夏時要特別注意水分問題。

園藝培養用土＋大量成熟堆肥

素燒盆

修剪

健壯的枝條上會結出果實，必須適時疏密，確保通風日照條件優良。

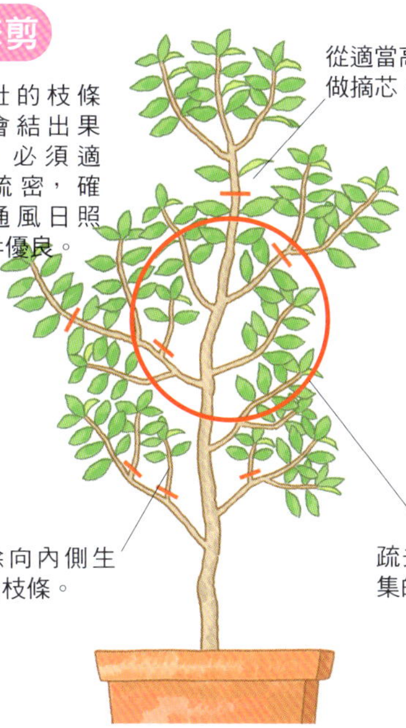

從適當高度做摘芯。

切除向內側生長的枝條。

疏去過於密集的枝條。

移植・修剪

適合在4月上旬～6月下旬間移植。選擇8～10號盆，等5年後再換到10號以上的盆器。修剪作業主要以打造樹形為主，修整內向枝或過於密集的枝條，確保樹冠內部能充分曬到陽光。

嘉寶果又稱「樹葡萄」，原產於巴西南部。嘉寶果的原文為「jaboticaba」意思是「直接長在樹幹上的花」。嘉寶果會直接在粗壯的樹幹上開花，並結出「巨峰葡萄」般大小的黑色果實。可生食。

嘉寶果樹的生長很緩慢，實生苗有時甚至要花上10年的時間才能開花結果。雖具單棵也可結果的自花結實性，但若行人工授粉，可以有效提升結果的安定性。

最低可以耐至-1℃的低溫。若栽種在沒有調節過溫度的溫室中，大約會在3月、6月、8月開花，5月、7月、9月收成。完全成熟後會自然落果，但果皮易受損傷，不妨觀察其顏色變化，等變成黑色時用手指輕輕摘取。若可輕鬆摘落即代表已成熟。嘉寶果在鹼性土壤中的生長速度較慢，需注意土壤的PH值。

栽培重點

❶ 天氣熱容易出現蟎或蚜蟲，需避免盆栽過於乾燥及定期消毒。

❷ 使用激勃素有助提升結果的安定性。

❸ 酸品種較易栽種，但不適合生食。

家庭同樂 鮮果料理 ❽

使用現採的新鮮水果

蜜桃慕斯蛋糕

能夠品嘗到美味桃泥慕斯的手作蛋糕

● **材料（6吋・1個）**

糖煮桃子
桃子……3顆
水……500cc
砂糖……200g
檸檬片……3片

全蛋海綿蛋糕
全蛋……2顆
砂糖……50g
紅茶葉……1g
低筋麵粉……50g
無鹽奶油……20g

潘趣酒
水……30cc
砂糖……15g
桃子利口酒……10cc

桃子慕斯
桃泥……120g
砂糖……30g
檸檬汁……10cc
鮮奶油……150cc
⌈ 蛋白……30g
⌊ 砂糖……30g
■ 吉利丁……5g　水……20cc

桃子果凍
煮桃子的糖漿……200cc
■ 吉利丁……5g　水……20cc

● **作法**

1. **製作糖煮桃子**
在鍋裡加入水、砂糖、檸檬片，開火煮到沸騰後，加入洗乾淨的桃子，煮至竹籤可以穿透後，放涼。

2. 取下皮和籽，保留要做頂端裝飾的桃子，其餘搗成泥。

3. **製作海綿蛋糕**
全蛋液加進砂糖後打發。

4. 再加入用調理機打碎的紅茶葉，以及過篩的低筋麵粉。

5. 加進融化的奶油後倒入烤盤，在預熱至170℃的烤箱中烤至7分熟。

6. 冷卻後切成直徑15cm及12cm的圓形。

7. **製作桃子慕斯**
吉利丁泡水。鮮奶油打至7分發泡。

8. 蛋白液分2～3次加入砂糖中，充分打發，作成蛋白霜。

9. 桃泥中加入砂糖、檸檬汁，以及隔水加熱溶解的吉利丁。

10. 將桃子利口酒分2次加入鮮奶油後，充分攪拌。

11. 蛋白霜分2次加入步驟9中，均勻攪拌成桃子慕斯。

12. 在活動式蛋糕模中放入15cm海綿蛋糕，淋上潘趣酒。倒入一半的桃子慕斯，再堆疊上淋過潘趣酒的12cm蛋糕。最後再倒入剩下的慕斯，冷藏定型。

13. **製作桃子果凍**
吉利丁放入水中備用。

14. 加熱煮過桃子的糖漿，放入吉利丁。溶解後，倒入容器中冷藏定型。

15. **裝飾**
步驟2中保留的裝飾用桃子切成薄片，層層繞出玫瑰般的形狀。

16. 用湯匙舀起果凍，裝飾在蛋糕上即完成。

迷你葡萄裝飾蛋糕

迷你葡萄的鮮豔色澤，和蛋糕相互輝映

● **材料（6吋・1個）**

葡萄凍
A ┌ 葡萄……100g
　├ 砂糖……25g
　└ 水……30cc
┌ 吉利丁……4g
└ 水……20g
檸檬汁……1/2小匙

裝飾用奶油
奶油、糖粉、蛋白、低筋麵粉 ……各5g
芋頭粉 ……1/3小匙

軟餅乾
┌ 蛋白……40g
└ 砂糖……15g
┌ 蛋白……20g
B ├ 蛋黃……1顆
　├ 杏仁奶油……20g
　└ 砂糖……15g
牛奶……10cc
低筋麵粉……10g

巴伐利亞蛋糕（芭芭露）
蛋黃……2顆
砂糖……40g
牛奶……100cc
香草莢……1/3條
┌ 吉利丁……5g
└ 水……30g
利口酒……1大匙
鮮奶油……180cc
貓眼葡萄（內餡用）……適量
芋頭粉……少許
烘培用果膠……適量
迷你葡萄……1串
奇異果……黃綠品種各半顆

● **作法**

1. **製作葡萄凍** 在鍋裡加入A後，加熱並搗成泥。再次加熱，放入泡過水的吉利丁和檸檬汁。
2. 倒入鋪上保鮮膜的12cm烤盤，冷卻後放入冷凍。
3. **製作裝飾用奶油** 混合軟化的奶油、糖粉、蛋白、過篩的低筋麵粉，充分攪拌均勻後再加入芋頭粉和少許檸檬汁，倒入擠花器中。
4. 用擠花器在烤紙上畫出圖案後，放在烤盤上冰入冷凍冷藏。
5. **製作軟餅乾** 將砂糖分2～3次加入蛋白中，攪拌成蛋白霜。
6. 在碗中倒入B，打至白色發泡後倒入牛奶。再加進蛋白霜，以及過篩的低筋麵粉。
7. 餅乾麵糰擠在定型後的步驟4烤盤上。放入預熱至180℃的烤箱中烤13分鐘。
8. **製作巴伐利亞蛋糕（芭芭露）** 蛋黃加入砂糖，攪拌到顏色變白後，添加香草莢和加熱過的牛奶。
9. 倒回加熱牛奶的鍋中，煮至濃稠狀後離火，加入泡過水的吉利丁、利口酒。
10. 冷卻後加入打發8成左右的鮮奶油，攪拌後即完成巴伐利亞蛋糕。
11. **組裝**
軟餅乾切成2個24x3cm的長條狀。15cm的蛋糕模具鋪上烤紙，準備進行最後組裝。
12. 葡萄凍切成直徑12cm的圓形。
13. 在蛋糕模中倒入一半的巴伐利亞蛋糕糊，再放上切好的軟餅乾，並輕輕疊上做好的葡萄凍。
14. 隨意撒上切塊的貓眼葡萄。倒入剩餘的巴伐利亞蛋糕糊，表面抹平。
15. 用濾茶網在凝固的表面撒上少量芋頭粉，並抹上增添色澤的果膠後，冷藏定型。
16. 取下蛋糕模，放上整串迷你葡萄，再將奇異果切成葉狀做裝飾。

果樹栽培術語

常綠樹
一整年都不會落葉的樹木。以果樹來說，柑橘類就屬於常綠樹的一種。

落葉樹
旱季或冬季時葉片會脫落的樹木種。蘋果、梨子都屬此類。

早生種
以該果樹品種的平均收成時間來看，採收期較早的品種。

晚生種
以該果樹品種的平均收成時間來看，收成期較晚的品種。

扦插
切下樹木的枝條，插入乾淨的土壤中，使其生根的繁殖方式。

嫁接苗木
截下欲繁殖植物的枝或芽（接穗），接在別株植物（台木）上，形成新獨立個體的繁殖方式。

實生苗
從種子開始培育的苗木。「實生」，顧名思義為從種子開始生長的意思。

疏密修剪
從枝條基部剪過於密集的枝條。

矮木
高度較矮的樹木。嫁接時使用矮性砧當台木，可以有效栽培出簡潔的樹形。

根團
樹根在盆栽中擴展時，會連同土壤一起變成團塊狀。將樹根從盆栽中拔起時，可以清楚看見其形狀。

鬚根
直徑1mm以下的細根。大量的細根有助於吸收水分和養分。

扎根
定植的苗木，或是扦插枝，根部繼續生長的現象。

換盆
樹根在盆器中不斷生長，漸漸塞滿整個盆器時，必須進行換盆作業，更換到更大的盆器中。

整枝
藉由修剪、摘芯、摘芽、立支柱、誘引等方法調整樹形。

修剪
欲修整樹形、調整樹高或大小時，替樹枝進行修剪。包括「縮短」、「疏密」、「摘芯」、「摘芽」等操作。

誘引
利用繩子或支柱引導樹枝的生長方向。有助於抑制樹高及促進果實著生。

樹冠
樹木的枝葉部分。

縮短修剪
截短枝條，以促進樹枝分枝或短果枝、花芽的著生。

強修剪
欲縮小過大的樹木時，一口氣大幅減短枝的修剪方式。只修剪枝條前端時，則稱為「弱修剪」。

摘芯
摘取樹枝的莖部或芽尖（芯）。摘芯可以促進分枝及萌發腋芽，也能有效抑制徒長枝，避免果樹過度成長。

摘蕾
開花前將花蕾摘除。預防結果過多造成果樹的損耗。

摘芽
為了開出較大的花朵，摘除不需要的幼芽。若摘除的是花蕾，則稱為「摘蕾」。

疏果
摘去幼果，藉以調整果實的數量，促進其餘果實生長。

結果枝
結出果實的枝條總稱。按照長短分為「長果枝」「中果枝」「短果枝」。

結果母枝
長出結果枝的枝條。

發育枝
營養中生長的枝條。

主幹
樹木中心的樹幹。

主枝
從主幹上生長出來，形成樹木骨架的主要枝條。

亞主枝
主枝上著生，用來打造果樹骨架的枝條。又稱為「副主枝」。

側枝
亞主枝上長出的枝條。其上著生結果枝。

徒長枝
向上方快速生長的枝條。日照不足或氮素過多，都是造成徒長枝的原因。徒長枝上不易生成花芽或果實。

分蘖枝
從樹木根部長出來的不定枝。

二年枝
前一年長出的枝條。

三年枝
前年長出的新梢所形成的枝條。

新梢
該年春天剛長出的枝梢總稱。

節間
枝條上的上下兩葉基之間。

葉芽
樹葉基部的芽,又稱為「腋芽」。

側芽
會長成樹枝和樹葉的新芽。

腋芽
葉腋處長出的芽。

花芽
長大分化後會成花器官的芽。分為一般花芽和混合花芽。

一般花芽
只會分化長成花朵的芽體。

混合花芽
同時可長出枝葉和花朵的花芽。

花芽分化
果樹上的葉芽受到晝夜長短及溫度的影響,分化成花芽的過程。

花藥
雄蕊上產生花粉的器官。

自花不結實性
雖然同時具有雄蕊和雌蕊,但無法靠自己或同品種花粉結出果實的情形。可藉由人工授粉有效改善。

雌雄異株
雌花和雄花不在同一棵樹上。需要同時栽種雌株和雄株,才能結果。

授粉樹
植物若具自花不結實性,無法靠自花授粉結實時,需栽種不同品種的樹木,方能授粉結果。

人工授粉
自己動手執行授粉作業。就算是單為結果的品種,也可以透過人工授粉促進結實率。

結果
雌蕊授粉後,子房變大形成果實的狀態。

隔年結果
果樹出現一年結果一年不結果的現象。

生理落果
果樹競爭養分的落果現象。

激勃素處理
使用植物賀爾蒙之一的激勃素,促進果實的生長。使用在葡萄上時,可以產生無籽葡萄。

培養土
混合數種土壤、堆肥、肥料後形成的介質,適合用來栽培植物。

赤玉土
經由乾燥、高溫燒結而成,依大小分為大粒、中粒、小粒、細粒。排水性、透氣性、保水性優良,可說是適於栽培的萬用土壤。

液肥
液態的肥料。具即效性,適合當作追肥。

禮肥
採果後施予的肥料。有助於恢復開花結果時消耗掉的養分,提升果樹生命力。

基肥
灑在植物根部的骨粉或油渣等固態肥料。緩效性的化成肥料,會在澆水時隨水溶解,再慢慢滲透入土壤中,需要一段時間才能生效的肥料。

寒肥
冬季休眠時期,灑在果樹根部的肥料,有助於促進春季的生長狀態。大多選擇有機肥料。

玉肥
混合油渣或骨粉等做出的有機球狀肥料。

化成肥料
化學性合成的肥料。

無機質肥料
無機化合物製作而成的肥料。不像有機質肥料一樣容易產生異味,所以很常被運用在家庭栽培中。

有機質肥料
以動植物為原料,發酵成熟後製成的肥料。時效性長。

堆肥
混合囤積落葉、枯葉、家畜糞便等材料,發酵充分的土壤改良劑,含有不定量的肥料成分。

葉水
對著葉片灑水。有利於增加葉片周遭空氣中的濕度,可以有效預防葉蟎等蟲害。

台灣廣廈 國際出版集團
Taiwan Mansion International Group

國家圖書館出版品預行編目（CIP）資料

最高人氣果樹盆栽【暢銷修訂版】：從移植、修剪、授粉到結果，日本園藝職人傳授家庭果園的知識與祕訣 / 大森直樹著.
-- 新北市：蘋果屋出版社有限公司, 2025.10
184面；17×23公分
ISBN 978-626-7424-68-1（平裝）

1.CST: 園藝 2.CST: 栽培 3.CST: 家庭佈置

411.71　　　　　　　　　　　　　113007475

蘋果屋 APPLE HOUSE

最高人氣果樹盆栽【暢銷修訂版】
從移植、修剪、授粉到結果，日本園藝職人傳授家庭果園的知識與祕訣

作　　　者 ／大森直樹	編輯中心總編輯／蔡沐晨・編輯／許秀妃
審　　　訂／鄭正勇	美術設計／何偉凱・內頁排版／果實文化設計
譯　　　者／蔡沐晨	製版・印刷・裝訂／東豪・弼聖・秉成

日本編輯團隊
料 理 製 作／杉本明美（料理研究家・開設料理教室「ベリーズ・メイド」）
協　　　力／（株）山陽農園（http://www.sanyo-nursery.co.jp/）・小竹森孝美
攝　　　影／伊藤善規
照 片 提 供／（株）山陽農園、アルスフォト企画
插　　　圖／竹口睦郁
設計・DTP／（株）志岐デザイン事務所（室田敏江）
編 輯 協 力／帆風社

行企研發中心總監／陳冠蒨　　媒體公關組／陳柔彣
　　　　　　　　　　　　　　綜合業務組／何欣穎

發　行　人／江媛珍
法 律 顧 問／第一國際法律事務所 余淑杏律師・北辰著作權事務所 蕭雄淋律師
出　　　版／蘋果屋
發　　　行／蘋果屋出版社有限公司
　　　　　　地址：新北市235中和區中山路二段359巷7號2樓
　　　　　　電話：(886)2-2225-5777・傳真：(886)2-2225-8052

代理印務・全球總經銷／知遠文化事業有限公司
　　　　　　地址：新北市222深坑區北深路三段155巷25號5樓
　　　　　　電話：(886)2-2664-8800・傳真：(886)2-2664-8801
郵 政 劃 撥／劃撥帳號：18836722
　　　　　　劃撥戶名：知遠文化事業有限公司（※單次購書金額未達1000元，請另付70元郵資。）

■出版日期：2025年10月　　ISBN：978-626-7424-68-1
　　　　　　　　　　　　　版權所有，未經同意不得重製、轉載、翻印。

ICHINEN JYU TANOSHIMERU CONTAINER KAJU NO SODATE KATA
©NAOKI OOMORI , HANFUSHA 2013
Originally published in Japan in 2013 by SEITO-SHA Co.,Ltd.,Tokyo.
Chinese translation rights arranged through TOHAN CORPORATION, TOKYO.,
and KEIO CULTURAL ENTERPRISE CO.,LTD
The Traditional Chinese edition copyright © 2025 by Apple House Publishing Co., Ltd.